低碳建造理论与技术策略

中建八局浙江建设有限公司　编著

中国建筑工业出版社

图书在版编目（CIP）数据

低碳建造理论与技术策略 / 中建八局浙江建设有限
公司编著. -- 北京 ：中国建筑工业出版社，2025.6.
ISBN 978-7-112-31321-1

Ⅰ. TU74

中国国家版本馆 CIP 数据核字第 2025CT2166 号

责任编辑：张　瑞　张　磊
责任校对：赵　菲

低碳建造理论与技术策略

中建八局浙江建设有限公司　编著

*

中国建筑工业出版社出版、发行（北京海淀三里河路 9 号）
各地新华书店、建筑书店经销
北京光大印艺文化发展有限公司制版
建工社（河北）印刷有限公司印刷

*

开本：787 毫米×1092 毫米　1/16　印张：13　字数：237 千字
2025 年 6 月第一版　　2025 年 6 月第一次印刷
定价：**58.00** 元
ISBN 978-7-112-31321-1
(45360)

《低碳建造理论与技术策略》
编写委员会

主　　编：孙学锋　　王　洪　　王　涛　　邓程来

副 主 任：张保泉　　吴祥飞　　纪　伟　　罗　恒

　　　　　刘晓东　　姜文辉　　战　胜　　白　洁

主　　审：亓立刚　　刘永福　　马明磊　　王　磊

编　　委：韩　磊　　纪春明　　张　博　　凌　泉

　　　　　刘　培　　冯　俊　　阮诗鹏　　龚顺明

　　　　　鲁官友　　郭代培　　张庚午　　张德财

　　　　　荣国强　　樊　宁　　李向冰　　刘贵文

　　　　　李　磊　　时景彬　　周胜利　　任宪学

　　　　　李　沛　　徐银鹏　　刘洋洋　　周　浩

　　　　　尤　恩　　郭　华　　高运恒　　王　飞

　　　　　丁明亮　　黄　河　　张　力　　王雅迪

　　　　　王智祺　　张　旭　　刁　巍　　陈　立

编写单位

中建八局浙江建设有限公司

前言

　　建筑承载着人们对美好生活的向往，人类文明的进程也与建造活动紧密相连。然而，在全球气候变暖、生态环境持续恶化的当下，建筑行业作为能源消耗与碳排放的"重镇"，正面临着前所未有的转型压力，建筑行业的碳排放问题已成为无法回避的重要议题，《低碳建造理论与技术策略》一书正是在这样的时代背景下应运而生的。

　　本书开篇以宏阔的视野剖析这一现状，从工业革命以来建筑碳排放的历史脉络，到 21 世纪城市化进程带来的严峻挑战，揭示出建筑行业对碳排放问题的重要影响，并对解决这一难题进行了理论及技术策略层面的探讨。低碳建造的必要性不仅在于对气候危机的回应，更在于其对资源节约、环境保护、社会经济发展等各方面的多维推动。

　　本书以"低碳建造"为核心，系统梳理了从理论构建到技术实践的全链条知识体系，剖析了建筑行业碳排放的历史脉络与现状困境。在理论层面，本书追溯低碳建造思想的起源，辨析其与绿色建造的关联与差异，深入探讨了生命周期评估、生态设计原理等核心理论；在技术层面，本书以翔实的章节展开策略探讨，从建筑设计到材料选择，从可再生能源应用到智能施工技术，涵盖百余项具体策略，尤为值得关注的是本书对"负碳、固碳、捕碳"技术的专题探讨，从微生物固碳混凝土到快速周转膜结构光伏装置，这些颠覆性技术不仅展现了建筑行业从"碳排放者"向"碳汇载体"转型的可能性，更揭示了未来建筑在气候变化应对中的战略价值。此外，本书对碳交易机制、绿色建筑认证体系等市场工具的解析，为低碳建造的经济可行性提供了多维论证。

低碳建造的推进，是建筑行业的一场重大变革，它不仅需要技术突破的"硬实力"，也需要理念更新的"软支撑"。作为一部探讨低碳建造理论与技术策略的专著，本书具备三大特色：一是系统性，它以全生命周期视角审视低碳建造，从规划、设计、施工，到运维、拆除等各环节均有涉及，构建出了完整的技术策略网络；二是前瞻性，书中对"智能建造、负碳技术"等新兴领域的介绍，展现了低碳建造的未来图景，为行业创新指明了方向；三是普适性，既有对国际经验的借鉴，也立足本土实践，案例与数据兼备，使其兼具学术参考价值与工程指导意义。本书旨在搭建理论与实践的桥梁，它不仅适用于建筑学、环境工程等领域的研究者，也为建筑师、工程师、政策制定者及企业管理者提供了可操作的低碳建造路线图。

《低碳建造理论与技术策略》编写过程中经过有关专家多次会审，在这里表示衷心的感谢。但由于时间和条件的局限，本书的成稿难免有不足之处，恳请广大读者不吝指正，以臻完善。同时，也愿每一位读者能从本书中汲取力量，让低碳建造从理论走向实践，从局部试点扩展为行业共识。

中国建筑第八工程局有限公司总工程师

亓立刚

目录

第 1 章

综　述

在全球气候变化的大背景下，建筑行业作为能源消耗和温室气体排放的主要源头之一，其碳排放问题已然成为全球关注的焦点。随着工业化进程的加速和城市化水平的提高，建筑行业在全球温室气体排放中的比例日益上升，这使得其碳排放的削减和管理变得尤为重要。

全球气候变暖作为人类活动导致的一系列环境变化的集中体现，已对全球生态系统、经济发展和社会稳定造成了深远的影响。而建筑行业作为推动全球经济增长的重要力量，在能源消耗和碳排放方面的贡献不容忽视。从建筑材料的生产、运输，到建筑施工和运营，整个建筑生命周期都伴随着大量的能源消耗和温室气体排放。

面对这一挑战，建筑行业必须承担起减少碳排放、推动绿色发展的责任。建筑行业应加强对建筑材料的研究和开发，推动使用更加环保、低碳的材料，如绿色建筑材料、可再生能源材料等。同时，建筑行业还应积极推广节能技术，如建筑能效提升技术、可再生能源利用技术等，以降低建筑运营过程中的能源消耗和碳排放。

从全球层面看，建筑行业还应加强与国际社会的合作与交流，共同应对全球气候变化挑战，通过分享经验、交流技术、合作研发等方式，推动全球建筑行业在减少碳排放、推动绿色发展方面取得更加显著的成效。

1.1　全球气候变化与建筑行业的碳排放现状

1.1.1　全球气候变化现状

全球气候变化主要表现为气候平均状态的巨大改变或持续较长时间的气候变动。这些变化可能源于自然内部进程，如地球轨道的变化、太阳辐射的变化等；也可能由外部强迫引起，如火山爆发、大型陨石撞击等。然而，近一个世纪以来的气候变化，尤其是全球变暖的趋势，则更多地与人类活动有关，特别是化石燃料的燃烧和土地利用的改变。

在全球尺度上，气候系统正经历着前所未有的变动。这些变动不仅体现在气候平均状态的巨大改变上，更表现为持续较长时间的气候异常。理解这些变化的成因，对于预测未来气候变化趋势、制定适应与减缓策略具有重要意义。

气候变化的成因复杂多样，既包括自然内部进程，也涉及外部强迫因素。自然内部进程（如地球轨道的微小变化、太阳辐射的波动等）都可能对全球气候产生影响。然而，近一个世纪以来的气候变化，尤其是全球变暖的趋势，更多地指向了人类活动的影响。

人类活动主要通过两种方式影响气候：一是化石燃料的燃烧导致大量温室气体排放，进而引发温室效应加剧；二是土地利用方式的改变，如森林砍伐、城市化进程等，破坏了地表的自然碳汇，加剧了碳循环的不平衡。

根据联合国气候变化框架公约（UNFCCC）的数据，全球平均气温自 1880 年以来持续上升，尤其是近几十年来，上升速度明显加快。这种趋势对全球生态系统、人类社会和经济发展都产生了深远的影响。海平面上升、冰川融化、极端气候事件频发等都是全球变暖带来的直接后果。

1. 海平面上升

随着全球温度的升高，海洋水体受热膨胀，冰川和极地冰盖融化加速，导致海平面不断上升，这对沿海城市和岛屿国家构成了严重威胁。

2. 冰川融化

高山冰川和极地冰盖的融化不仅加剧了海平面上升，还影响了淡水资源的分布和供给。许多地区的河流径流和地下水位发生变化，给农业生产和人类生活带来不便。

3. 极端气候事件频发

全球变暖导致大气环流异常，极端气候事件如热浪、干旱、洪涝、飓风等频发。这些事件给人类社会和生态系统造成了巨大的损失。

面对全球气候变化带来的挑战，国际社会已达成共识，需要采取积极措施来应对。这包括减少温室气体排放、提高能源利用效率、发展可再生能源、加强国际合作等。同时，也需要加强气候变化的监测和预警能力，提高应对极端气候事件的能力。

全世界已经形成共识，全球气候变化已成为一个紧迫的全球性问题。只有各国共同努力，采取积极有效的措施来应对气候变化，才能确保人类社会的可持续发展。

1.1.2 建筑行业碳排放现状

建筑行业作为全球经济的重要组成部分，其能源消耗和温室气体排放占比巨大。根据联合国环境规划署发布的《2022 年全球建筑建造业现状报告》，建筑行业及相关行业的能源消耗和碳排放占全球总能源消耗和碳排放的比例高达 36%。这一比例在发达国家和发展中国家均有所体现，且随着城市化进程的加速和人口的增长，该比例仍在持续上升。

建筑行业的碳排放主要来源于以下几个方面：一是建筑材料的生产和运输过程，如钢铁、水泥等材料的生产过程中会排放大量的二氧化碳；二是建筑施工过程中的能源消耗和废气排放；三是建筑使用过程中的能源消耗和排放，如供暖、制冷、照明等。此外，建筑废弃物的处理和再利用也是碳排放的重要来源之一。

全球气候变化给建筑行业提出了严峻的挑战，但同时也为建筑行业的绿色低碳发展提供了机遇。建筑行业应积极响应全球气候变化的挑战，采取有效措施降低碳排放，推动绿色低碳发展。

1.2　低碳建造对于可持续发展的重要性

在当今全球气候变化日益严峻、资源紧张不断加剧的大背景下，低碳建造已成为建筑业向绿色、低碳转型的关键路径，对于实现可持续发展具有举足轻重的战略意义。低碳建造不仅体现了对地球环境的深切关怀，更是建筑行业转型升级的必由之路，对于塑造可持续的未来城市空间具有不可估量的价值。

低碳建造的实践涉及多个维度，从建筑材料的选择、建筑设计的优化，到建筑施工、运营和维护的全生命周期，都需要贯彻低碳理念。建筑材料是建筑的基础，选择低碳、环保、可再生的材料是低碳建造的首要任务。这些材料不仅能够有效降低建筑过程中的碳排放，还能在建筑的长期使用过程中保持较低的能耗和排放。

低碳建造的核心理念是通过减少能源消耗和碳排放，实现建筑与环境的和谐共生。这要求建筑行业从各个环节入手，全面推行低碳建造的理念和实践，推动建筑行业的绿色、低碳转型。同时，政府、企业和社会各界也需要共同努力，加强政策引导、技术支持和宣传教育，为低碳建造的发展营造良好的氛围和环境。

1.2.1　低碳建造对资源节约的推动作用

低碳建造通过采用高效节能的建筑材料和技术、使用可再生资源和循环再利用材料、优化建筑设计等措施，在资源节约方面发挥重要作用。这种资源节约的模式对于缓解全球资源紧张、实现可持续发展具有重要意义。未来，随着技术的不断进步和人们环保意识的提高，低碳建造将在建筑领域发挥更加重要的作用。

低碳建造的核心在于采用高效节能的建筑材料和技术。这些材料和技术在设计、施工和运营等各个阶段均体现出显著的节能效果。具体而言，低碳建筑材料（如保温隔热材料、高性能玻璃等）能够有效降低建筑能耗，减少对传统能源的依赖。同时，低碳建造技术，如预制装配式建筑、建筑信息模型（BIM）技术等，通过优化施工流程、提高施工效率，进一步降低了建筑过程中的资源消耗。

低碳建造强调对可再生资源和循环再利用材料的利用。这些材料包括太阳能、风能等可再生能源，以及废弃物、建筑垃圾等可循环再利用的资源。通过采用这些材料，低碳建造能够大幅度降低对自然资源的开采压力，减少环境污染和生态破坏。例如，太阳能光伏发电系统能够为建筑提供清洁、可再生的电力，减少对化石燃料的依赖；而建筑垃圾回收再利用则能够减少垃圾排放，降低环境负担。

低碳建造注重通过优化建筑设计来减少不必要的材料和能源消耗。这包括合理确定建筑规模、布局和形式，采用节能型建筑围护结构，提高建筑气密性和保温隔热性能等措施。这些措施不仅能够降低建筑能耗，还能够提高室内环境质量，提升居住舒适度。同时，通过优化建筑设计，还可以实现建筑材料和设备的集成化、模块化，进一步提高资源利用效率。

低碳建造对全球资源紧张和可持续发展的意义主要体现在以下几个方面：首先，低碳建造能够减少对自然资源的开采压力，缓解全球资源紧张的局面；其次，低碳建造能够降低建筑能耗和碳排放，有助于应对全球气候变化问题；最后，低碳建造通过提高资源利用效率、改善室内环境质量等措施，为人们提供更加健康、舒适的居住环境，推动社会可持续发展。

1.2.2　低碳建造对环境保护的积极影响

低碳建造强调减少碳排放和降低环境污染，这对于保护生态环境具有积极作用。在建筑过程中，通过采用清洁能源和节能技术，减少化石能源的使用，从而降低温室气体排放；同时，注重建筑废弃物的管理和回收再利用，减少了对环境的污染和破坏。这种环保的建筑方式有助于改善生态环境质量，为人类创造宜居的生活环境。

低碳建造的核心在于通过科学规划、技术创新和绿色施工等手段，实现建筑全生命周期内的低能耗、低排放和低污染。这一理念贯穿于建筑的设计、施工、运营及拆除等各个环节，旨在降低建筑对环境的负面影响，提高建筑的生态效益。

低碳建造有助于减少温室气体排放。低碳建造通过采用清洁能源和节能技术，如太阳能、风能等可再生能源的利用，以及高效节能的建筑材料和设备，显著降低了建筑过程中的化石能源消耗和温室气体排放。这不仅有助于减缓全球气候变暖的趋势，也为实现碳达峰和碳中和目标提供了有力支持。

低碳建造有助于降低环境污染。在低碳建造过程中，注重建筑废弃物的管理和回收再利用，有效减少了建筑垃圾的产生和排放。同时，通过采用环保材料和绿色施工技术，降低了建筑过程中的噪声、粉尘和污水等污染物的排放，减轻了对周边环境的污染和破坏。

低碳建造有助于改善生态环境质量。低碳建造强调建筑与环境的和谐共生，注重绿地植被的规划和建设，增加了城市绿地面积和生物多样性。同时，通过优化建筑布局和通风设计等手段，改善了室内环境质量，提高了居住者的舒适度和健康水平。这些措施有助于改善城市生态环境质量，为人类创造宜居的生活环境。

低碳建造有助于推动可持续发展。低碳建造作为一种绿色、环保的建筑方式，符合可持续发展的理念。通过推广和应用低碳建造技术，可以促进建筑产业的转型升级和绿色发展，推动经济社会的可持续发展。同时，低碳建造还能够提高建筑的使用价值和经济效益，为投资者和业主带来长期稳定的收益。

1.2.3　低碳建造对社会经济的推动作用

在全球化背景下，低碳经济已成为推动社会可持续发展的重要方向之一。低碳建造作为低碳经济的重要组成部分。通过促进经济增长与就业创造、降低用户经济负担与提高生活质量以及带动相关产业链发展等方面的影响，低碳建造将为我国经济的可持续发展注入新的活力。

低碳建造有助于促进经济增长与就业创造。低碳建造产业作为新兴的绿色产业，其发展不仅符合国际社会对环保和可持续发展的要求，也为我国经济的转型升级提供了新的动力。随着国家对低碳建造的投入和扶持力度的加大，该产业将逐渐成长为我国经济的重要增长点。低碳建造产业的发展将带动相关产业链上下游的就业增长。从低碳建筑材料的研发、生产到低碳建筑的设计、施工，再到后期的运营和维护，都将产生大量的就业机会。这不仅有利于缓解我国的就业压力，也为劳动者提供了更多高质量的就业机会。

低碳建造有助于降低用户经济负担与提高生活质量。低碳建筑在设计时注重节能减排，采用高效节能的建筑材料和先进的建筑技术，使得建筑在使用过程中能够大大降低能耗。这不仅能够降低用户的能源消费支出，也符合国家节能减排的政策导向。低碳建筑在设计和施工过程中注重建筑的耐久性和可维护性，使得建筑在后期使用过程中维护成本较低。这不仅能够降低用户的经济负担,也能够提高建筑的使用寿命和价值。低碳建筑提供的舒适、健康、环保的居住环境能够提升居民的生活质量。同时,低碳建筑还能够减少对环境的影响,为居民提供更加宜居的生活环境。

低碳建造有助于带动相关产业链发展。低碳建造产业的发展将带动相关产业链的发展,如低碳建筑材料、低碳建筑技术、低碳建筑设备等。这些产业的发展将形成良性的经济循环,共同推动社会经济的可持续发展。低碳建造产业的发展将促进技术创新和进步。低碳建造技术的不断发展和完善将推动相关产业的技术创新和进步,提高整个产业链的竞争力。低碳建造产业的发展将加强国际合作与交流。在应对全球气候变化和推动可持续发展的背景下,各国都在积极发展低碳建造产业。加强国际合作与交流将有利于我国低碳建造产业的技术引进、经验借鉴和市场拓展。

1.2.4 低碳建造对未来可持续发展的引领作用

低碳建造是未来建筑业发展的必然趋势,对于引领未来可持续发展具有重要作用。推广低碳建造技术和理念,能够引导全社会形成绿色、低碳的生活方式,推动社会向可持续发展方向转变。同时,低碳建造还能够为其他行业提供借鉴和示范,推动整个社会的可持续发展。

低碳建造将引领建筑业绿色转型。随着全球气候变化和环境污染问题的日益严峻,低碳建造作为建筑业发展的必然趋势,其重要性愈发凸显。低碳建造不仅注重建筑本身的节能减排,还强调建筑材料、施工方法和运营管理的全过程低碳化。通过采用环保材料、高效节能技术和可再生能源系统,低碳建造能够显著降低建筑能耗和碳排放,从而引领整个建筑业向绿色、低碳方向转型。

低碳建造将塑造绿色生活方式。低碳建造不仅是建筑业的内部变革,更是一种生活方式的革新。推广低碳建造技术和理念,能够引导全社会形成绿色、低碳的生活方式。从建筑设计的绿色化,到施工过程中的环保措施,再到建筑使用过程中的节能降耗,低碳建造理念贯穿始终。这种理念将渗透到人们的日常生活中,促使人们更加关注环保和可持续发展,形成全社会共同参与的良好氛围。

低碳建造将推动社会可持续发展。低碳建造对未来可持续发展的引领作用不仅体现在建筑业本身,更在于其对整个社会的深远影响。通过推广低碳建造,可以带动相关产业链的绿色化改造,推动能源、交通、水利等行业的低碳发展。同时,低碳建造还能够促进循环经济、绿色经济的发展,推动社会向更加可持续的方向发展。此外，低碳建造还能够提高城市的宜居性和舒适度，为人们创造更加健康、舒适的生活环境。

低碳建造将起到示范与引领效应。低碳建造作为一种先进的建筑理念和实践方式，具有强大的示范和引领效应。通过展示低碳建造的优秀案例和成果，可以激发其他行业和社会各界对可持续发展的关注和兴趣。这种示范效应将促进更多行业和企业加入到低碳发展的行列中来，共同推动整个社会的可持续发展。同时，低碳建造还能够为其他国家和地区提供借鉴和参考，推动全球范围内的可持续发展进程。

低碳建造在可持续发展战略中具有核心地位。推动低碳建造的发展，不仅能够实现资源节约和环境保护的目标，还能够推动社会经济的可持续发展。因此，应该高度重视低碳建造的发展，加强政策支持和技术创新，推动建筑业向绿色、低碳方向转型。

1.3 建筑行业的碳排放历史

建筑行业作为人类社会发展的重要基石，其碳排放的历史演变与全球气候变化的趋势紧密相连。从工业革命至今，建筑行业碳排放量的增长反映了人类对资源和能源的依赖，同时也揭示了其对环境影响的深刻影响。

1.3.1 工业革命与建筑碳排放的初显

工业革命是历史进程中一个具有划时代意义的转折点，它不仅深刻地改变了人类的生产方式和社会结构，同时也对全球环境产生了深远影响，特别是在建筑行业的碳排放问题上。在工业革命之前，建筑行业主要依赖于手工操作和自然资源，其碳排放量相对较低，这主要归因于当时的技术水平和能源使用方式。

然而，随着工业革命的到来，尤其是蒸汽机的发明和广泛应用，机械化生产逐渐取代了手工生产，成为工业领域的主导力量。这种转变也迅速波及建筑行业，使其步入了工业化进程。在这一过程中，煤炭作为主要的能源来源，被广泛用于建筑材料的生产和建筑现场的施工。

煤炭燃烧产生了大量的二氧化碳等温室气体，这些气体的排放直接导致了建筑行业碳排放的初步显现。与此同时，工业化进程还加速了自然资源的开采和消耗，进一步加剧了环境压力。这种由工业革命带来的建筑行业碳排放增长趋势在随后的几个世纪中持续存在，并对全球气候变化产生了显著影响。

工业革命是建筑行业碳排放的转折点，它标志着建筑行业从依赖手工和自然资源转向机械化生产和大量使用化石能源，从而导致了碳排放的初步显现。这一变化不仅改变了建筑行业的生产方式，也对全球环境产生了深远影响，需要人们深入思考和积极应对。

1.3.2 20 世纪建筑碳排放的快速增长

进入 20 世纪，全球经济体系发生了深刻的变革，城市化浪潮席卷全球，带来了前所未有的挑战与机遇。在这一背景下，建筑行业作为推动经济发展的重要引擎之一，展现出了前所未有的繁荣景象。然而，这种繁荣背后，伴随着的是建筑行业对能源和资源的巨大消耗，以及碳排放量的迅猛增长。

1. 建筑数量与规模的扩大

20 世纪是建筑行业发展的黄金时期。随着人口增长和城市化进程的加速，全球范围内建筑数量和规模均呈现出爆炸性增长，无论是住宅、商业还是工业建筑，都以前所未有的速度在全球范围内崛起。这种增长带来了经济繁荣，但也给环境造成了巨大的压力。

2. 建筑技术的进步与能源消耗

随着科学技术的进步，建筑行业在施工技术、材料使用和节能设计等方面取得了显著成果。然而，这些进步在带来便利的同时，也加剧了能源消耗。例如，高效节能的建筑材料和设备的研发，虽然在一定程度上降低了建筑运行过程中的能耗，但在建筑施工阶段，由于机械化程度的提高和能源密集型设备的广泛使用，因此能源消耗仍然呈现出快速增长的趋势。

3. 化石能源的依赖与碳排放

在 20 世纪的大部分时间里，建筑行业对化石能源的依赖程度极高，石油、天然气等化石能源被广泛用于建筑施工、运行和供暖等各个环节。然而，这些化石能源的燃烧会产生大量的二氧化碳等温室气体，导致全球气候变暖等环境问题。因此，建筑行业的碳排放量呈现出快速增长的态势。

4. 环境影响与可持续发展

建筑行业的碳排放增长不仅加剧了全球气候变暖等环境问题，也给人类社会的可持续发展带来了挑战。随着人们对环境问题的认识不断加深，建筑行业也开始积极探索可持续发展的道路。通过采用节能技术、使用可再生能源、优化建筑设计等手段，降低建筑行业的碳排放量，实现经济与环境的双赢。

20 世纪建筑碳排放的迅猛增长是全球经济发展和城市化进程加速的必然结果。然而，这种增长也带来了严重的环境问题和社会挑战。因此，建筑行业必须积极探索可持续发展的道路，采取有效措施降低碳排放量，为全球环境保护和可持续发展做出贡献。

1.3.3　21 世纪建筑碳排放的严峻挑战

随着 21 世纪的到来，全球气候变化的紧迫性愈发凸显。其中，建筑行业作为重要的碳排放源头之一，面临的严峻挑战不容忽视。根据国际能源署（IEA）的最新数据报告，建筑行业已经跃升为全球第三大碳排放源，其排放量仅次于能源和工业部门，这一趋势在全球范围内均有所体现。

建筑行业碳排放的主要来源包括建筑材料生产、建筑施工过程及建筑运营中的能源消耗。其中，建筑材料（如钢铁、水泥等）在生产过程中产生的碳排放占据了相当大的比例。此外，建筑施工过程中的机械使用、能源消耗等也会带来一定的碳排放。更为显著的是，建筑在运营阶段（如供暖、制冷、照明等方面）的能源消耗更是长期且持续的碳排放源。

在某些国家，这一挑战尤为突出。随着经济的快速增长和城市化进程的加速，建筑行业迎来了前所未有的发展机遇。然而，这也意味着建筑行业的碳排放量在快速增长。大量的基础设施建设和房地产开发项目，不仅带来了建筑材料的巨大需求，也导致了能源消耗和碳排放的显著增加。

面对这一严峻挑战，建筑行业必须采取切实有效的措施来减少碳排放。首先，推动绿色建筑材料的研发和应用，降低建筑材料生产过程中的碳排放。其次，优化建筑施工过程，提高施工效率，减少能源消耗和碳排放。同时，加强建筑运营管理，提高能源利用效率，减少建筑运营阶段的碳排放。

此外，政策层面也需要给予建筑行业更多的支持和引导。政府可以通过制定相关政策，鼓励绿色建筑的发展，提供绿色建筑认证和奖励机制，推动建筑行业向低碳、环保的方向发展。同时，加强国际合作，共同应对全球气候变化问题也是建筑行业必须面对的重要任务。

总之，21 世纪建筑碳排放的严峻挑战需要建筑行业、政府和社会各界的共同努力来应对。只有采取切实有效的措施，才能降低建筑行业的碳排放量，为全球气候变化问题的解决贡献出建筑行业的一份力量。

1.3.4　建筑行业碳排放的主要来源

在建筑行业，碳排放是一个显著且复杂的议题。根据 2021 年中国房屋建筑全过程碳排放数据统计（图 1.3-1），其来源主要涵盖以下几个方面。

图 1.3-1 为环状扇形统计图（文字标注）：

运输 1.2 亿tCO₂
其他 2.4 亿tCO₂
铝材 2.1 亿tCO₂
水泥 2.5 亿tCO₂
钢铁 8.9 亿tCO₂
公共建筑 9.5 亿tCO₂
城镇居住建筑 9.1 亿tCO₂
农村居住建筑 4.4 亿tCO₂
建筑材料生产阶段 17.0 亿tCO₂，16.0%
建筑运行阶段 23.0 亿tCO₂，21.6%
建筑施工阶段 0.6 亿tCO₂，0.6%
建筑全过程 38.2%
40.7 亿tCO₂
2021年中国房屋建筑全过程碳排放

52% 15% 12% 14% 7% 41% 40% 19%

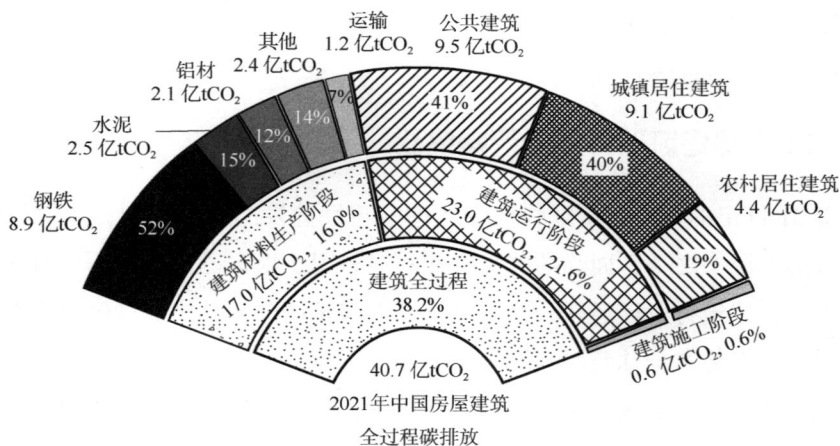

注：建造阶段的建材碳排放和施工碳排放仅包含房屋建筑，不涉及基础设施；
建材碳排放仅为能源碳排放，不含建材的工业过程碳排放；
全国能源相关碳排放总量106.4 亿tCO₂，数据源自IEA。

图 1.3-1　2021 年中国房屋建筑全过程碳排放数据统计

1. 建筑材料生产阶段

建筑材料的生产是建筑行业碳排放的主要源头之一。从水泥的制造到钢铁的冶炼，再到玻璃的熔制，这些过程都需要大量的能源投入，尤其是化石燃料的燃烧。这些能源在使用过程中会释放出大量的二氧化碳，对全球气候产生显著影响。以水泥为例，其生产过程中的石灰石分解和高温煅烧都会产生大量的二氧化碳，是建筑行业碳排放的主要贡献者之一。

2. 建筑施工阶段

在建筑施工过程中，各类机械设备的运行和燃料的燃烧也是碳排放的重要来源。在施工现场，挖掘机、推土机、起重机等大型机械设备需要消耗大量的柴油或电力才能运行。这些设备的运行不仅会产生直接的二氧化碳排放，还会因为燃油的不完全燃烧而产生其他温室气体和污染物。此外，建筑施工过程中的运输（如建筑材料和设备的运输）环节也会产生大量的碳排放。

3. 建筑运行阶段

建筑在运行过程中，同样会产生大量的碳排放。这主要源于建筑的能源消耗，包括电力、燃气等。在建筑的供暖、制冷、照明、通风等系统中，都需要消耗大量的能源。这些能源的消耗不仅会产生直接的二氧化碳排放，还会因为能源的生产和传输过程中产生的间接排放而加剧气候变化的影响。例如，电力生产中的火力发电就需要燃烧大量的煤炭或天然气，这些燃料的燃烧会产生大量的二氧化碳和其他温室气体。

为应对建筑行业的碳排放问题，需要从全生命周期的角度出发，采取综合性的措施。在建筑材料生产阶段，可以通过优化生产工艺、提高能源利用效率、使用清洁能源等方式来减少碳排放。在建筑施工阶段，可以通过采用更环保的机械设备、提高施工效率、减少能源消耗和废物产生等方式来降低碳排放。在建筑运行阶段，可以通过提高建筑的能源利用效率、采用可再生能源、推广绿色建筑等方式来减少碳排放。同时，还需要加强碳排放的监测和评估，为制定更有效的减排政策提供科学依据。

总之，建筑行业碳排放的历史演变反映了人类对资源和能源的依赖以及对环境影响的深刻认识。面对建筑行业碳排放的严峻挑战，需要采取一系列措施来应对，推动建筑行业向低碳、绿色、可持续的方向发展。

1.4 低碳建造技术的起源与演进

在全球气候变暖和环境恶化的背景下，低碳建造技术作为绿色建筑的重要组成部分，其起源与演进过程成为业界和学术界关注的焦点。低碳建造技术旨在通过减少建筑过程中的能源消耗和碳排放，实现建筑与环境的和谐共生。本节将从低碳建造技术的起源、演进过程及未来发展趋势等方面进行阐述。

1.4.1 低碳建造技术的起源

低碳建造技术的起源可追溯至 20 世纪 70 年代的全球石油危机。这一时期，由于能源短缺问题的日益严峻，因此国际社会开始普遍关注能源使用的效率及其对环境的影响。在这样的背景下，建筑行业作为一个能源消费大户，也开始寻求新的发展模式，以实现节能减排的目标。

随着环境保护意识的不断提高，绿色建筑理念逐渐进入人们的视野。绿色建筑强调在建筑的全寿命周期内最大限度地节约资源（节能、节地、节水、节材）、保护环境和减少污染，为人们提供健康、适用和高效的使用空间，与自然和谐共生。这一理念与低碳建造技术的核心目标不谋而合，为低碳建造技术的发展提供了理论支持。

2003 年，英国政府发布了能源白皮书《我们的能源未来：创造低碳经济》，正式提出了低碳经济的概念。这一概念的提出，标志着全球范围内对于能源利用和环境保护的认识达到了一个新的高度。低碳经济以低能耗、低污染、低排放为基础的经济模式，其实质是能源高效利用、清洁能源开发、追求绿色国内生产总值

（GDP）的问题，核心是能源技术和减排技术创新、产业结构和制度创新以及人类生存发展观念的根本性转变。

在低碳经济的推动下，低碳建造技术得到了快速发展。这一技术体系涵盖了从建筑设计、施工到运营维护等各个环节，通过采用高效节能材料、优化建筑布局、提高能源利用效率等手段，实现了建筑碳排放的显著降低。同时，随着可再生能源技术的不断进步，太阳能、风能等清洁能源在建筑领域的应用也日益广泛，为低碳建造技术的发展提供了有力支撑。

总之，低碳建造技术的起源是伴随着全球能源危机和环境保护意识的提高而逐步发展起来的。在全球范围内追求可持续发展的今天，低碳建造技术将继续发挥重要作用，推动建筑行业向更加绿色、低碳的方向发展。

1.4.2　低碳建造技术的演进过程

1. 初级阶段：节能技术的应用

在低碳建造技术的初级阶段，主要关注的是节能技术的应用。建筑师和工程师通过优化建筑设计、提高建筑材料的使用效率、采用高效节能设备等方式，降低建筑能耗。同时，太阳能、风能等可再生能源开始被引入建筑领域，为建筑供能提供了新的途径。

2. 发展阶段：碳排放量的降低

随着低碳建造技术的不断发展，人们开始关注建筑过程中的碳排放量。在这一阶段，低碳建造技术更加注重减少建筑过程中的能源消耗和碳排放。建筑师和工程师开始采用更加环保的建筑材料和施工工艺，降低建筑对环境的影响。此外，建筑垃圾的资源化利用、建筑废水的循环利用等技术也得到了广泛应用。

3. 成熟阶段：全生命周期的低碳设计

在低碳建造技术的成熟阶段，全生命周期的低碳设计成为主流。建筑师和工程师不仅关注建筑过程中的能源消耗和碳排放，还关注建筑使用过程中的能效和环保性能。通过采用高效节能设备、智能控制系统等技术手段，实现建筑的全生命周期低碳运行。此外，绿色建筑认证体系不断完善，为低碳建造技术的发展提供了有力支持。

1.4.3　低碳建造技术的未来发展趋势

1. 智能化与信息化

随着物联网、大数据等技术的不断发展，低碳建造技术将实现智能化和信息化。通过智能控制系统和大数据分析平台，实现建筑能效的实时监测和优化调整，提高建筑的能效水平。同时，利用信息技术实现建筑全生命周期的管理和监控，为低碳建造技术的发展提供有力支持。

2. 绿色建材的研发与应用

绿色建材是低碳建造技术的重要组成部分。未来，随着科技的不断进步，绿色建材的研发和应用将得到进一步加强。新型环保材料、高性能保温材料、可再生资源利用材料等将不断涌现，为低碳建造技术的发展提供有力支撑。

3. 跨界融合与创新发展

低碳建造技术的发展需要跨界融合和创新发展。未来，建筑行业将与其他领域进行深度合作，共同推动低碳建造技术的发展。例如，建筑行业与能源、交通等领域的融合，将促进低碳建造技术在更广泛领域的应用；建筑行业与信息技术、新材料等领域的融合，将推动低碳建造技术的创新发展。

总之，碳建造技术的起源与演进是建筑行业发展的重要历程。随着全球气候变暖和环境恶化的加剧，低碳建造技术将在未来发挥更加重要的作用。通过智能化与信息化、绿色建材的研发与应用以及跨界融合与创新发展等途径，推动低碳建造技术的不断进步和发展，为建筑行业的可持续发展贡献力量。

1.5 当前低碳建造技术的发展趋势

随着全球气候变化问题日益严峻，低碳发展已成为全球共识。在建筑领域，低碳建造技术作为实现可持续发展目标的重要手段，其发展趋势尤为值得关注。本节将从建筑设计趋势、材料选择趋势、施工技术趋势、能源利用趋势及政策支持趋势等方面，对当前低碳建造技术的发展趋势进行深入探讨。

1.5.1 建筑设计趋势

在当前的建筑设计领域，低碳建筑设计正以其独特的视角和策略，引领着行业朝着更加关注韧性和可持续性的方向发展。这一设计理念标志着建筑领域对环境保护和气候变化应对的深刻认识，同时也展示了建筑行业对未来可持续发展的积极探索。

低碳建筑设计不仅局限于满足建筑的基本使用功能，而且更加注重建筑与自然环境的和谐共生。它强调建筑在设计和建造过程中，要充分考虑其对自然环境的影响，并通过各种手段降低这种影响。同时，低碳建筑设计还关注建筑在长期使用过程中的能耗和排放问题，致力于通过优化设计方案和采用高效节能技术，降低建筑的能耗和排放，实现建筑的可持续发展。

在低碳建筑设计中，可再生能源的利用是一个重要的方面。设计师会充分考虑太阳能、风能等可再生能源的利用，通过安装太阳能光伏发电系统、风力发电系统等设备，将可再生能源转化为电能或热能，供建筑使用。这种设计方式不仅能够降低建筑的能耗和排放，还能够提高建筑的自给自足能力，减少对外部能源的依赖。

此外，节能设计和节水设计也是低碳建筑设计的重要内容。设计师会采用各种节能技术和措施，如高效节能的建筑材料、智能照明系统、节能型空调系统等，降低建筑的能耗。同时，他们还会注重建筑的节水设计，通过雨水收集系统、中水回用系统等措施，提高建筑的水资源利用效率，减少水资源的浪费。

韧性设计作为低碳建筑的重要特征之一，也越来越受到设计师的关注。韧性设计强调建筑在面对自然灾害和气候变化等外部环境挑战时，能够保持其结构和功能的稳定性，减少损失和破坏。为实现这一目标，设计师会采用各种措施，如加强建筑的抗震设计、设置绿色屋顶和雨水收集系统等，提高建筑的适应性和韧性。

低碳建筑设计正逐步向更加关注韧性和可持续性的方向发展。这种设计理念不仅关注建筑的基本使用功能，还注重建筑对自然环境的影响和长期使用的可持续性。通过充分利用可再生能源、采用节能和节水设计及加强韧性设计等措施，低碳建筑设计将为人们创造更加绿色、健康、宜居的生活环境。

1.5.2　材料选择趋势

在材料选择方面，低碳建造技术正逐步向环保、可再生、节能的方向发展。建筑行业作为资源消耗和碳排放的主要领域之一，正面临着深刻的转型。其中，材料选择作为建筑设计的核心要素之一，其发展趋势正逐渐由传统的高能耗、高排放模式转向环保、可再生、节能的新方向。

1. 竹木材与可降解材料

近年来，竹木材和可降解材料在建筑行业中的应用日益广泛（图1.5-1）。这些材料来源于可再生资源，具有生长周期短、可再生性强的特点。与传统木材相比，它们不仅减少了对自然资源的破坏，还降低了建筑过程中的碳排放。同时，这些材料还具有优良的力学性能和耐久性，能够满足建筑结构的需要。

图 1.5-1　竹木材结构

2. 再生木材

再生木材（图 1.5-2）是通过回收废旧木材进行加工处理而得到的，其环保性能显著。通过再生木材的利用，可以有效减少木材资源的浪费，降低建筑行业的碳足迹。同时，再生木材还具有与原木相似的外观和性能，能够满足建筑设计的美学要求。

图 1.5-2　再生木材

3. 复合保温板

复合保温板（图 1.5-3）是一种具有优良隔热性能的建筑材料，其内部由高效保温材料组成，外部覆盖有保护层和装饰层。这种材料能够有效降低建筑能耗，提高建筑的节能性能。同时，复合保温板还具有施工简便、使用寿命长等优点，受到越来越多建筑师的青睐。

图 1.5-3　复合保温板

4. 多孔复合材料

多孔复合材料（图 1.5-4）是一种具有多孔结构的建筑材料，其内部存在大量的微小孔隙。这些孔隙能够有效降低材料的热传导系数，提高材料的隔热性能。此外，多孔复合材料还具有轻质、高强、耐腐蚀等优点，能够满足不同建筑环境的需求。

当前，低碳建造技术在材料选择方面正逐步向环保、可再生、节能的方向发展。环保材料和节能材料的应用不仅能够减少建筑行业的碳排放和资源消耗，还能够提高建筑的使用性能和舒适度。未来，随着科技的不断进步和人们环保意识的提高，这些新型材料将在建筑行业中发挥越来越重要的作用。同时，建筑师和工程师也需要不断学习和探索新的材料和技术，以推动建筑行业的可持续发展。

图 1.5-4　多孔复合材料

1.5.3　施工技术趋势

1. 智能化与自动化技术的应用

随着物联网、大数据、人工智能等技术的快速发展，智能化与自动化技术正逐步渗透到低碳建造技术的各个环节。通过引入智能建筑管理系统，实现对建筑能耗、环境参数的实时监控和自动调节，从而大幅减少能源浪费。同时，自动化施工设备（图 1.5-5）的应用（如自动化模板系统、机器人施工等）不仅提高了施工效率，还减少了人工作业量，降低了施工现场的环境影响。

图 1.5-5　自动化施工设备

2. 预制装配式建筑技术的推广

预制装配式建筑（图 1.5-6）技术是一种将建筑构件在工厂内预制完成，然后运输到施工现场进行组装的建造方式。这种方式不仅缩短了施工周期，降低了施工现场的噪声和污染，还能够提高建筑质量和安全性。随着预制装配式建筑技术的不断完善和成熟，其在低碳建造领域的应用将越来越广泛。

图 1.5-6　预制装配式建筑

3. 绿色施工技术的普及

绿色施工技术是指在建筑施工过程中，采用环保、节能、减排等措施，降低施工活动对环境的影响。这包括使用可再生材料和环保材料、优化施工方案以减少能源消耗和废弃物产生、加强施工现场管理等。随着社会对环境保护意识的提高，绿色施工技术将在低碳建造领域得到更广泛的普及和应用。

4. 低碳建筑材料的研发与应用

低碳建筑材料的研发与应用是低碳建造技术发展的重要方向之一。通过研发新型节能、环保的建筑材料，如保温隔热材料、高效节能门窗（图 1.5-7）、节能照明等，可以降低建筑能耗和碳排放。同时，推广使用可再生材料和废弃物再生材料也可以减少对自然资源的消耗和环境污染。

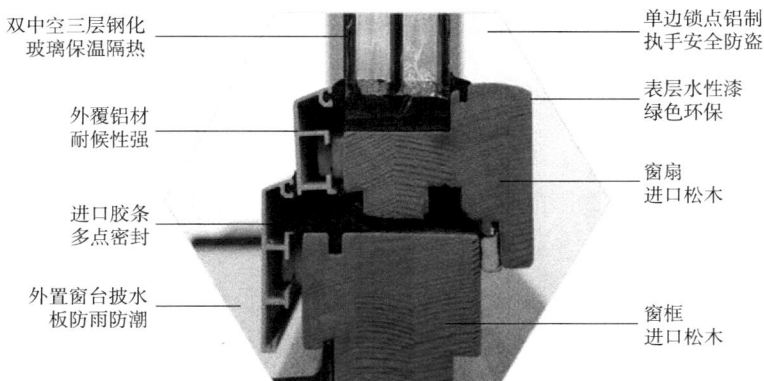

双中空三层钢化
玻璃保温隔热

单边锁点铝制
执手安全防盗

外覆铝材
耐候性强

表层水性漆
绿色环保

进口胶条
多点密封

窗扇
进口松木

外置窗台披水
板防雨防潮

窗框
进口松木

图 1.5-7　高效节能门窗做法节点

5. 清洁能源的利用

在低碳建造过程中，清洁能源的利用是降低建筑能耗和碳排放的重要手段。通过利用太阳能、风能等可再生能源，可以为建筑提供清洁、高效的能源供应。例如，在建筑设计中加入太阳能光伏板、风力发电设备等，可以实现建筑能源的自给自足和低碳排放。

低碳建造技术在施工技术方面的发展趋势主要表现为智能化与自动化技术的应用、预制装配式建筑技术的推广、绿色施工技术的普及、低碳建筑材料的研发与应用以及清洁能源的利用等方面。这些趋势将推动建筑行业向更加绿色、低碳、可持续的方向发展。

1.5.4　能源利用趋势

在能源利用方面，低碳建造技术正致力于通过节约能源和利用可再生能源来实现减排目标。通过改善建筑绝缘性能和采用高效设备，降低冷暖负荷，实现能源的节约。同时，利用太阳能、风能和地热能等可再生能源来供热、供电和供冷，降低建筑用能的依赖性。此外，智能化系统和建筑物联网技术的应用也为能源的监测、控制和调度提供了有力支持，最大限度地提高能效。

1. 建筑热性能的改善

在低碳建造技术的推动下，建筑热性能得到了显著提升。通过采用新型保温材料、优化建筑设计等手段，建筑外墙、屋顶等部位的保温隔热性能得到了大幅提高，有效降低了建筑的冷暖负荷，实现了能源的节约。

2. 高效设备的广泛应用

随着节能技术的不断发展，越来越多的高效设备被广泛应用于建筑中。例如，高效空调、节能灯具、智能电梯等设备不仅提高了建筑的使用舒适度，还大大降低了建筑的能耗水平。

3. 可再生能源的利用

太阳能作为一种清洁、可再生的能源，在低碳建造技术中得到了广泛应用。通过安装太阳能热水器、太阳能光伏发电系统等设备，建筑可以实现供热、供电的自给自足，降低对外部能源的依赖性。

除太阳能外，风能、地热能等可再生能源也在低碳建造技术中得到了充分利用。例如，利用风能发电可以为建筑提供稳定的电力供应；利用地热能进行供暖、供冷则可以实现建筑用能的低碳化。

4. 智能化系统与建筑物联网技术的应用

智能化系统和建筑物联网技术的应用使得能源监测与控制变得更加便捷、高效。通过对建筑内部各种能源使用情况进行实时监测和数据分析，可以及时发现并解决能源浪费问题，提高建筑的能效水平。

智能化系统还可以根据建筑内部的能源需求情况，自动调度和优化能源的使用。例如，在电力需求高峰时段，系统可以自动调整电力供应策略，降低电力消耗；在天气变化时，系统也可以自动调整供热、供冷设备的运行状态，以适应建筑内部的温度需求。

低碳建造技术通过节约能源和利用可再生能源两大路径，为实现减排目标提供了有力支持。随着技术的不断进步和应用范围的不断扩大，低碳建造技术将在未来的能源利用领域中发挥更加重要的作用。展望未来，期待看到更多创新、高效的低碳建造技术不断涌现，为全球能源转型和应对气候变化做出更大贡献。

1.5.5 政策支持趋势

低碳建筑的发展离不开政策的支持和引导。政府应制定更加严格的建筑节能标准和碳排放减少目标，以推动低碳建筑的发展。同时，提供财政支持和优惠政策，为低碳建筑项目提供补贴和资金支持。此外，鼓励研发和应用新技术也是政策支持的重要方向，通过技术创新推动低碳建筑在设计、材料使用和能源利用等方面的持续进步。

首先，政府应制定更加严格的建筑节能标准和碳排放减少目标。这些标准应基于科学的评估方法，结合我国建筑行业发展的实际情况，确保标准的合理性和可行性。同时，通过明确的碳排放减少目标，能够引导建筑行业向更加低碳、环保的方向发展，为低碳建筑的发展提供明确的方向和动力。

其次，政府应提供财政支持和优惠政策，为低碳建筑项目提供补贴和资金支持。这些支持措施可以降低低碳建筑项目的投资成本，提高项目的经济效益，从而吸引更多的投资者和企业参与低碳建筑的建设。此外，政府还可以通过税收优惠、贷款优惠等方式，为低碳建筑项目提供更为便捷和优惠的融资渠道，进一步推动低碳建筑的发展。

除财政支持和优惠政策外，政府还应鼓励研发和应用新技术。技术创新是推动低碳建筑持续发展的关键动力。政府应加大对低碳建筑技术研发的投入，支持科研机构和企业开展低碳建筑技术的研发和创新。同时，政府还应通过推广和宣传，鼓励建筑行业广泛应用新技术，提高建筑行业的整体技术水平，推动低碳建筑在设计、材料使用和能源利用等方面的持续进步。

政策支持是推动低碳建筑发展的重要保障。政府应制定更加严格的建筑节能标准和碳排放减少目标，提供财政支持和优惠政策，鼓励研发和应用新技术，为低碳建筑的发展提供全方位的支持和引导。只有这样，才能推动我国建筑行业向更加低碳、环保的方向发展，为实现全球气候治理目标做出积极贡献。

第 2 章

低碳建造的理论探索

低碳建造理论强调建筑与环境的和谐共生,追求经济效益、社会效益和环境效益的统一。

2.1 低碳建造的理论发展历程

低碳建造作为现代建筑领域的一个重要分支,其发展历程紧密伴随着全球对于环境保护和可持续发展的深刻认识。从概念孕育到理论形成,再到实践应用的广泛推广,低碳建造的理论发展经历了多个阶段,每一步都标志着人类对自然和谐共生理念的深入理解和积极践行。

2.1.1 概念孕育阶段

20 世纪 60 年代,随着全球工业化进程的加速和城市化水平的快速提高,建筑能耗问题开始引起人们的广泛关注。在这一背景下,美籍意大利建筑师鲍罗·索勒里首次将生态与建筑两个独立概念综合在一起,提出了"生态建筑"的理念。这一理念的提出,标志着人类对建筑与环境关系的重新思考,为低碳建造理论的孕育奠定了基础。

2.1.2 理论形成阶段

20 世纪 70～90 年代,随着全球环境问题的日益严重和可持续发展理念的逐步普及,低碳建筑的概念逐渐形成并得到发展。这一阶段,人们开始认识到建筑不仅是人类生活的空间,更是与自然环境相互作用的系统。在这一认识的基础上,低碳建筑的理论体系开始构建,包括节能减排、可再生能源利用、环保材料选择等多个方面。

其中,英国建筑研究所(BRE)在 1990 年率先制定了世界上第一个低碳建筑评估体系建筑研究所环境评估法(BREEAM)。该评估体系的建立为低碳建筑的理论发展提供了重要的指导和支持,使得低碳建筑的评价和认证有了明确的标准和依据。

2.1.3　实践应用阶段

进入 21 世纪以来，随着全球气候变化和环境问题的加剧，低碳建造的理念得到了更加广泛的认同和应用。在这一阶段，各国政府纷纷出台相关政策，鼓励和支持低碳建筑的发展。同时，建筑师和工程师也在实践中不断探索和创新，将低碳建造的理念融入建筑设计的各个环节中。

在低碳建筑的设计中，节能减排是首要考虑的因素。通过采用高效节能技术和设备，如热泵系统、高效保温材料、太阳能热水器等，可以最大限度地减少能源消耗和温室气体排放。同时，可再生能源的利用也是低碳建筑的重要特点之一。通过安装太阳能光伏板和风力发电设备等，可以将自然的能源转化为电力，减少对传统煤炭、石油等化石燃料的依赖。

此外，在建筑材料的选择上，低碳建筑也注重环境友好性，优先选用可再生材料（如竹材、木材等），减少对非可再生资源的损耗。同时，在材料的生产和运输过程中，也尽量减少能源消耗和排放。

总之，低碳建造的理论发展历程是人类对自然和谐共生理念不断深入理解和积极践行的过程。在未来，有理由相信，低碳建造将成为建筑领域的主流趋势，为人类创造更加美好的生活环境。

2.2　低碳建造与绿色建造的认识

2.2.1　低碳建造的概念

低碳建造是指在工程项目立项、设计和施工阶段，以较少的化石能源和资源消耗，实现建筑全生命期最大限度的碳排放降低，并且满足建筑使用要求的建造过程。碳减排是低碳建造的核心内容和基本要求，只有建造过程最大限度实现资源节约，碳减排的要求才能得到全面响应。

2.2.2　低碳建造与绿色建造的联系与区别

1. 二者区别

在定义与目标方面，绿色建造是以贯彻"以人为本"和"可持续发展"理念为导向，在建筑全寿命期最大限度地节约资源和保护环境，以实现绿色施工和绿色建筑为基本要求，进行全过程统筹的建造活动。相较于绿色建造，低碳建造更强调建造全过程的低碳化，以更加具象可量化的碳排放指标作为评价依据，促进建筑全生命期的碳减排。

在技术范畴方面，绿色建造技术主要包括"五节一环保"技术，低碳建造技术包括但不限于化石能源的高效清洁利用技术、可再生能源技术的开发和应用、先进用能与节能技术、储能与多能融合技术、碳捕集、利用与封存（CCUS）技术、固碳增汇等技术。

2. 二者联系

二者在目标上都是为了实现环境保护、资源节约的社会发展，在实施过程中相辅相成，共同推动建筑行业和整个社会的可持续发展。具体体现在以下几个方面。

（1）目标一致。

二者都致力于推动可持续发展，减少对环境的负面影响，实现经济社会活动的绿色转型。

（2）范围重叠。

建筑建造阶段碳排放主要包括建材生产、运输和施工产生的碳排放，减少建材用量、使用低碳建材、降低施工能耗都是有效的降碳措施，同时也是绿色建造的重点。

（3）相互促进。

绿色建造技术的有效实施有助于降低建筑行业的碳排放，为实现"双碳"目标做出贡献。同时，低碳建造技术的推广应用也为绿色建造提供了更多高效、低碳的技术手段和解决方案。

（4）政策支持。

国家和地方政府在推进双碳目标的同时，也会出台相关政策支持绿色建造技术的研发和应用，二者在政策层面也存在相互促进的关系。

3. 关注焦点的差异

绿色建造的关注焦点更为广泛，它不仅包括建筑材料的选择、施工过程的管理，还涵盖了建筑物的功能、性能、运行维护等方面。它追求的是建筑在整个生命周期内的环境效益和社会效益的最大化，以及人与自然的和谐共生。

低碳建造则更侧重于建筑在能源消耗和碳排放方面的优化。它关注建筑材料、施工设备、建筑运行等方面的碳排放量，并致力于通过技术创新和管理优化来降低这些碳排放量。低碳建造的目标是实现建筑的低碳化，以应对全球气候变化和能源危机。

4. 实施策略的差异

绿色建造的实施策略包括采用可再生能源、高效节能技术、环保材料等，以提高建筑的整体能效和环境效益。同时，它还强调建筑物的设计要符合生态规律和人的需求，以实现人、建筑与自然的和谐共生。

低碳建造的实施策略则更侧重于减少建筑在能源消耗和碳排放方面的负担。它采用低碳材料、低碳技术和低碳管理等手段，以降低建筑在生命周期内的碳排放量。同时，低碳建造还注重建筑的整体能效提升，通过优化建筑设计、施工和运行管理等方式，降低建筑的能耗水平。

5. 评价体系的差异

绿色建造的评价体系通常包括资源节约、环境友好、健康舒适、经济合理等方面的指标。这些指标综合考虑了建筑在整个生命周期内的环境影响、社会效益和经济效益等多个方面。

低碳建造的评价体系则更侧重于建筑在能源消耗和碳排放方面的表现。它通常采用碳排放量、能效比等指标来评价建筑的低碳化程度。这些指标直接反映了建筑在能源消耗和碳排放方面的优化程度。

绿色建造与低碳建造虽然都是现代建筑领域的重要概念，但在概念定义、关注焦点、实施策略和评价体系等方面存在一定的差异。在实际应用中，应根据具体需求和条件选择合适的建造方式，以实现建筑的环境效益和社会效益的最大化。

2.3　生命周期评估与低碳建造

随着全球气候变化的日益严峻，低碳建造已成为建筑行业发展的必然趋势。在这一背景下，生命周期评估（life cycle assessment，LCA）作为一种全面分析产品从原材料获取、生产、使用到废弃处理整个生命周期中环境影响的方法，为低碳建造提供了重要的技术支持和决策依据。

2.3.1　生命周期评估在低碳建造中的核心作用

生命周期评估建筑物从设计、施工、运营到拆除回收等各个环节的环境影响进行量化分析，有助于识别出碳排放的关键环节和主要来源，从而指导建筑行业的低碳转型。具体来说，生命周期评估在低碳建造中的核心作用包括以下几个方面。

1. 识别环境影响

通过量化分析，明确建筑物在生命周期各阶段的能耗、排放等环境影响，为制定低碳策略提供依据。

2. 优化设计方案

基于生命周期评估结果，优化建筑物的设计方案，降低能耗和排放，提高能源利用效率。

3. 指导施工和运营

在施工过程中采用低碳技术和材料，运营过程中实施节能措施，降低建筑物的碳排放。

4. 推动废弃物回收

通过评估建筑物的废弃处理环节，推动建筑废弃物的分类回收和资源化利用，减少环境污染。

2.3.2 生命周期评估在低碳建造中的实践应用

在实际应用中，生命周期评估可以通过以下方式促进低碳建造。

1. 建立低碳建筑评价标准

将生命周期评估纳入低碳建筑评价标准体系，引导建筑行业向低碳方向发展。

2. 推动绿色建筑认证

在绿色建筑认证过程中引入生命周期评估，提高建筑项目的环保性能和可持续性。

3. 优化建筑材料选择

利用生命周期评估结果，比较不同材料的环境性能，选择低碳环保的建筑材料。

4. 推广节能技术和产品

基于生命周期评估，推广节能技术和产品，降低建筑物的能耗和排放。

2.3.3 生命周期评估在低碳建造中的未来发展

随着技术的不断进步和方法的不断完善，生命周期评估在低碳建造中的应用将更加广泛和深入。未来，生命周期评估将在以下几个方面发挥更大作用。

1. 精细化评估

随着数据收集和处理技术的提高，生命周期评估将能够实现更精细化的环境影响评估，为低碳建造提供更准确的决策支持。

2. 智能化应用

将人工智能、大数据等先进技术引入生命周期评估领域，实现自动化、智能化的环境影响分析和预测。

3. 国际化合作

加强国际的合作与交流，推动生命周期评估方法和标准的国际化发展，促进全球低碳建造事业的共同进步。

总之，生命周期评估作为低碳建造的重要工具和方法，将在推动建筑行业向低碳、环保、可持续方向发展方面发挥重要作用。未来，随着技术的不断进步和应用的不断深入，生命周期评估将在低碳建造中发挥更加重要的作用。

2.4　低碳建造的生态设计原理

在当今社会，随着全球气候变化和环境问题的日益凸显，低碳建造和生态设计已成为建筑行业的重要发展趋势。低碳建造的生态设计原理旨在通过整合生态学理念与建筑设计方法，实现建筑与环境的和谐共生，同时提高建筑的能源效率和环境性能。

2.4.1　整合生态学与建筑设计

整合生态学与建筑设计是低碳建造生态设计的核心。这一原则要求建筑师在设计过程中充分考虑生态系统的自然规律和功能，将生态学原理融入建筑设计的各个环节（图2.4-1）。通过深入分析场地的自然环境、气候特征、植被覆盖等因素，建筑师能够制定出更加符合生态规律的设计方案，使建筑与环境相互依存、相互促进。

图 2.4-1　融合生态学的建筑设计

在整合生态学与建筑设计的实践中，建筑师需要掌握生态学的基本知识，如生态平衡、能量流动、物质循环等，并将其应用于建筑设计的各个方面。例如，在规划建筑布局时，应充分考虑地形地貌、风向风速等自然因素，合理设置建筑朝向和间距，以实现自然通风和采光；在选择建筑材料时，应优先选用可再生、可降解的环保材料，减少对自然资源的消耗和环境的污染。

2.4.2　建筑与环境的和谐共生

低碳建造的生态设计强调建筑与环境的和谐共生（图2.4-2）。这意味着建筑不仅要满足人们的基本生活需求，还要尽可能地减少对环境的负面影响，实现建筑与环境的和谐共生。为此，建筑师需要在设计过程中充分考虑建筑与环境的相互关系，确保建筑与环境在形态、功能、文化等方面相互协调、相互促进。

在强调建筑与环境的和谐共生的实践中，建筑师应注重保护生态环境和文化遗产。在规划建筑用地时，应尽量避免破坏生态环境和文化遗产，如保护植被、湿地、古迹等；在建筑设计时，应尊重当地的文化传统和建筑风格，将现代建筑技术与传统文化相结合，创造出具有地域特色的建筑作品。

图2.4-2　建筑与环境的和谐共生

2.4.3　自然采光、通风、隔热等设计策略

自然采光、通风和隔热是低碳建造生态设计中重要的设计策略。这些策略不仅可以提高建筑的舒适度和使用效率，还可以降低建筑的能耗和碳排放。

在自然采光方面，建筑师应充分利用太阳能资源，通过合理的建筑布局和开窗设计，实现室内光线的均匀分布和充足供应（图2.4-3）。这不仅可以减少电力照明的使用，还可以提高室内环境的舒适度和健康性。

图 2.4-3　自然采光示意图

　　在通风方面，建筑师应注重自然通风的设计。通过合理的建筑布局和开口设计，利用风压和热压等自然力量实现室内空气的流通和更新（图 2.4-4）。这不仅可以降低空调等设备的使用频率和能耗，还可以改善室内空气质量，提高人们的健康水平。

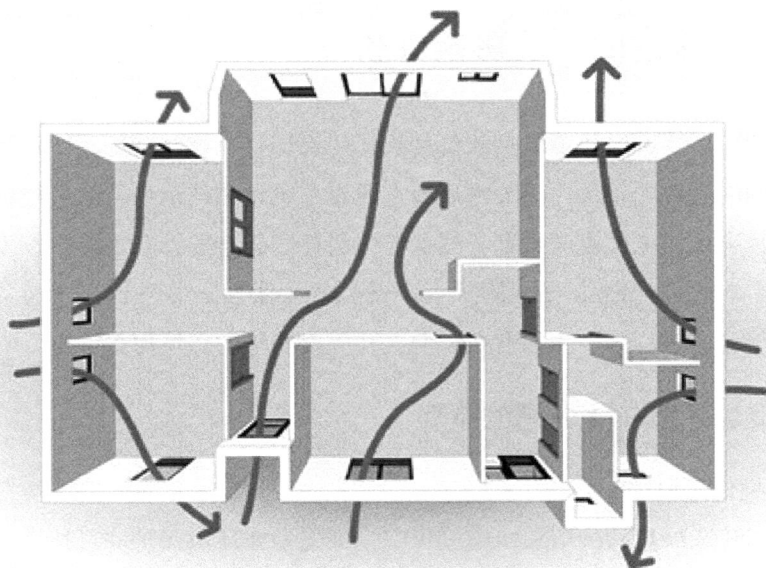

图 2.4-4　自然通风示意图

在隔热方面，建筑师应选择高效的隔热材料和构造方式（图2.4-5），减少建筑对外部热量的吸收和传递。这不仅可以降低建筑内部的温度波动和能耗，还可以提高室内环境的舒适度和稳定性。

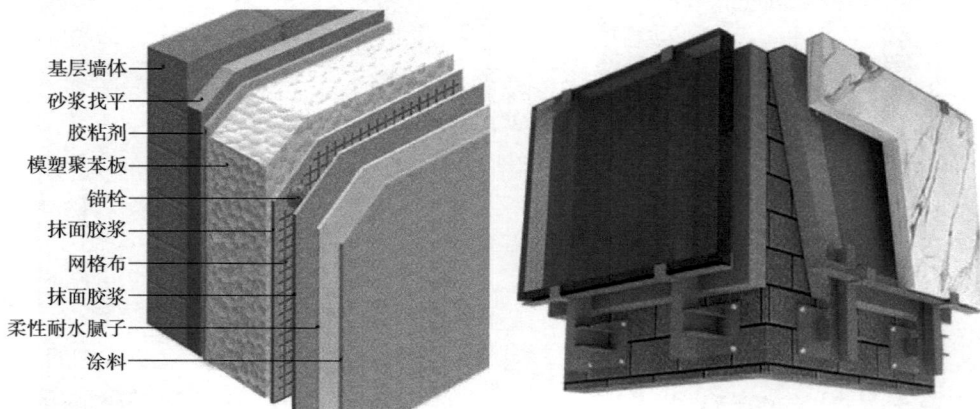

图2.4-5　隔热材料构造示意图

低碳建造的生态设计原理是一个综合性的设计理念，它要求建筑师在设计过程中充分考虑生态学原理、保护环境和文化遗产，实现建筑与环境的和谐共生。通过整合生态学与建筑设计、强调建筑与环境的和谐共生以及探讨自然采光、通风、隔热等设计策略，可以创造出更加环保、健康、舒适的建筑作品，为可持续发展做出贡献。

2.5　低碳建造的环境影响评价

在低碳建造领域，环境影响评价是确保建筑项目在设计、施工、运营及拆除等全生命周期内实现低碳目标的关键环节。通过系统评估建筑项目对环境的影响，可以指导项目决策，优化资源配置，减少能源消耗和碳排放，实现可持续发展。低碳建造环境影响评价（EIA）是当代环境管理的重要手段之一，旨在全面分析、预测和评估低碳建造项目对环境的潜在影响，并提出相应的环境保护措施。

2.5.1　低碳建造 EIA 遵循的原则

1. 环境优先原则

在低碳建造项目的决策和实施过程中，优先考虑环境保护和可持续发展。

2. 可持续发展原则

确保低碳建造项目在推动经济发展的同时，不损害环境质量和生态平衡。

3. 公众参与原则

鼓励公众参与低碳建造 EIA 的过程，提高公众的环保意识和参与度。

4. 科学性原则

依据科学的方法和数据进行低碳建造 EIA，确保评价结果的客观性和准确性。

5. 可操作性原则

提出的环境保护措施应具有可操作性，便于项目实施和管理。

2.5.2　低碳建造 EIA 方法及应用范围

低碳建造 EIA 采用多种方法进行分析、预测和评估，包括现场调查、环境监测、模型模拟、专家咨询等。这些方法有助于全面了解项目对环境的潜在影响，并提出有效的环境保护措施。

低碳建造 EIA 的应用范围广泛，适用于各类低碳建造项目，包括绿色建筑、可再生能源项目、生态修复工程等。通过对这些项目进行 EIA，可以全面了解项目对环境的潜在影响，为项目的可持续发展和环境保护提供科学依据。

2.5.3　LCA 在低碳建造中的应用

LCA 是一种评估产品或服务在其全生命周期内对环境影响的方法。在低碳建造中，LCA 的应用主要体现在以下几个方面。

1. 量化碳排放

LCA 能够全面分析建筑项目从原材料获取、生产、运输、施工、运营到拆除等各个环节的碳排放，为项目提供准确的碳排放数据。

2. 指导决策

基于 LCA 的碳排放数据，可以评估不同设计方案、建筑材料和施工工艺的环境影响，为项目决策提供科学依据。

3. 优化资源配置

通过 LCA 分析，可以发现建筑项目中能耗高、碳排放量大的环节，从而优化资源配置，降低能耗和碳排放。

4. 推动绿色设计

LCA 可以指导建筑师和设计师在产品开发阶段综合考虑产品相关的生态环境问题，设计出对环境友好又能满足人的需求的产品，实现绿色设计。

2.5.4 建筑全生命周期的碳排放分析

建筑全生命周期的碳排放分析是低碳建造的重要组成部分。全生命周期包括建筑设计、建筑材料生产、建筑施工、建筑使用和维护及最终拆除等阶段。每个阶段都可能产生碳排放，因此需要对每个阶段进行详细的碳排放分析。

1. 设计阶段

设计阶段应充分考虑建筑的功能、形式、材料等因素，选择低碳材料和低碳技术，减少建筑本身的碳排放。

2. 施工阶段

施工阶段应优化施工方案，采用节能设备和技术，减少施工过程中的能耗和碳排放。

3. 使用阶段

使用阶段应关注建筑的能源消耗和碳排放，采取节能措施，如优化空调和暖气系统、使用太阳能等可再生能源。

4. 拆除阶段

拆除阶段应尽量减少拆除过程中产生的废弃物和碳排放，选择可再生的建筑材料进行拆除，并进行可持续性的回收和再利用。

2.5.5 低碳建造 EIA 基本内容

1. 项目概况

介绍低碳建造项目的名称、地点、规模、性质、工艺流程等基本情况，为后续的环境影响分析提供基础数据。

2. 环境现状调查

对低碳建造项目所在区域的环境现状进行详细调查，包括地形、地貌、地质、气候、水文、植被、生物多样性等自然环境现状，以及人口分布、工业污染源等社会经济环境现状。

3. 环境影响预测

基于项目概况和环境现状调查，分析并预测低碳建造项目可能产生的环境影响，包括废气、废水、固体废弃物、噪声等污染物的排放和扩散情况，以及对周围环境敏感点和生态系统的可能影响。

4. 环境保护措施

针对低碳建造项目可能产生的环境影响，提出相应的环境保护措施，如采用清洁能源、节能技术、绿色建筑材料等，以减少项目对环境的负面影响。

5. 环境影响经济损益分析

对低碳建造项目的环境影响进行经济损益分析，包括项目的总投资、环保设施的投资和运行费用、污染物减排效益等经济指标，以评估项目的经济效益和环境效益。

6. 环境影响评价结论

综合以上分析，对低碳建造项目的环境影响进行综合评价，并给出评价结论和建议，为项目决策提供依据。

2.5.6　建筑材料的选择与使用的优化

优化建筑材料的选择与使用是降低建筑碳排放的关键措施之一。在选择建筑材料时，应综合考虑材料的性能、环境影响和可持续性等因素。

1. 选择低碳材料

优先选择碳排放量低、可再生或可回收的建筑材料，如竹材、木材、再生混凝土等。

2. 优化材料使用

通过优化建筑设计，减少不必要的材料使用，提高材料的利用率。

3. 使用环保材料

选择符合国家环保标准的建筑材料，避免使用对环境有害的材料。

4. 加强材料管理

加强建筑材料的采购、运输、存储和使用管理，减少材料浪费和损耗。

通过以上措施，显著降低建筑全生命周期的碳排放，推动低碳建造的发展。

2.5.7　碳排放源识别与分类

工程项目开工前，应全面梳理合同履约过程中，项目部管理区域内及管理权限范围内的潜在碳排放源，并进行分类。

1. 管理区域

合同约定的由项目部管理的区域，如施工区域、办公区域、生活区域等。

2. 管理权限

合同约定的由项目管理的工作内容，不包含未计入总包合同的甲指分包。

施工阶段各区域碳排放源可参考表 2.5-1。

表 2.5-1　项目建造碳排放源清单

项目分区	碳排放源		
生产施工区	材料	材料使用	大宗建材、高性能材料、复合材料等
		材料损耗	材料磨损、废弃
	运输	燃料使用	自卸车、半挂车、厢式货车、非公路用场内运输车辆等
		电力、热力使用	电动叉车、电动铲车、电动搬运车、电动清洁车等
		能耗损失	设备能效低、空转、热能散失等
	机械设备	燃料使用	1. 地基工程：挖掘机、装载机、推土机、打桩机、旋挖机、锚杆钻机、强夯机等 2. 混凝土工程：混凝土运输车、泵车、混凝土喷涂机等 3. 路面工程：摊铺机、压路机、推土机等 4. 起重施工机具：履带起重机、汽车起重机等
		电力、热力使用	1. 起重施工机具：塔式起重机、升降机等 2. 小型施工工具：电焊设备、钢筋剪切机、钢筋弯曲机、电动机等 3. 小型电气设备：暖通照明等
		能耗损失	1. 设备能效低、空转、热能散失等 2. 使用不当、管理不善等
办公区	设备	办公燃料	发电机组、热水器等
		电力、热力使用	空调、供暖、热泵、通风、消防、照明、安防等
		能耗损失	1. 不合理的用电，用热设计 2. 空调系统使用不当，管理不善等
	运输	燃料使用	通勤车辆、燃油运输车辆
		电力、热力使用	通勤车辆、叉车、平板车、推车、吊运车等
生活区	设备	生活燃料	发电机组、热水器、燃气灶具、供暖锅炉等
		电力、热力使用	空调、供暖、热泵、通风、消防、照明、厨房、安防等
		能耗损失	不合理的用电，用热设计、空调系统使用不当，管理不善等
	运输	燃料使用	食品运输罐车
		电力、热力使用	通勤车辆、叉车、平板车、推车、吊运车等

第 3 章

低碳建造设计应用策略

　　低碳建造技术是一个综合性的系统工程，需要从建筑设计、建筑材料、施工技术、结构技术和能源利用等多个方面入手，实现建筑全生命周期内的低能耗、低排放，从而达到减少温室气体排放、保护环境的目的。

3.1　低碳城市规划设计策略

　　随着全球气候变化的严峻挑战和可持续发展理念的深入人心，城市规划低碳设计技术已成为现代城市规划的重要方向。通过科学合理的规划布局和技术应用，减少能源消耗和碳排放，实现城市与自然的和谐共生，是城市规划低碳设计的核心目标。

3.1.1　土地利用规划技术策略

　　土地利用规划是城市规划低碳设计的基础和关键。它通过对土地资源的科学配置和合理利用，优化城市空间布局，提高土地利用效率，为实现低碳城市奠定坚实基础。

　　土地利用规划旨在实现以下几个方面的目标。

　　1. 优化土地结构

　　通过调整土地利用结构和布局，各类用地可以得到合理配置，提高土地利用效益，减少土地浪费。这一过程不仅是对现有土地利用的简单调整，而且是一场深思熟虑、科学规划的变革。

　　首先，需要对区域内的土地资源进行全面而细致的勘察与评估，明确各类土地的自然属性、生态价值、经济潜力及现有利用状况，为后续的调整提供坚实的数据支撑。

　　在掌握了详尽的土地信息后，接下来便是精准施策，通过调整土地利用结构和布局，实现资源的优化配置。这包括但不限于以下几个方面。

　　一是根据区域发展战略和产业发展需求，合理规划工业用地、商业用地、居住用地及公共设施用地的比例与布局，确保各类用地既能满足当前发展需求，又能为未来发展预留空间。

二是注重生态保护与修复，将具有重要生态功能的区域划定为限制开发或禁止开发区，减少人类活动对自然环境的干扰，维护生态平衡。

三是推动土地整治与集约化利用，通过技术创新和管理创新，提升土地利用效益。推广多层厂房、地下空间开发利用等节地技术，提高单位面积土地的产出率，从源头上控制土地浪费。

2. 保障生态安全

加强生态用地保护，构建生态屏障，维护城市生态平衡，提高城市生态服务功能。

在深入探讨如何全面而有效地保障生态安全这一核心议题时，首先需要深刻认识到，生态安全不仅是自然环境的健康状态，更是城市可持续发展的基石。因此，加强生态用地的保护，不仅是对自然资源的尊重与珍惜，更是对未来世代负责的具体体现。

加强生态用地保护意味着要划定并严守生态保护红线，确保那些对维护生物多样性、保持水土资源、调节气候等具有关键作用的区域不受人类活动的过度干扰。这要求在城市规划与建设中充分考虑生态系统的完整性和稳定性，避免盲目扩张和破坏性开发，让每一寸土地都能发挥其应有的生态价值。构建生态屏障则是通过植树造林、湿地恢复、河流治理等一系列生态修复工程，在城市的周边及关键生态节点上筑起一道道绿色防线。这些生态屏障不仅能够抵御风沙侵袭、缓解城市热岛效应，还能为野生动植物提供栖息地和迁徙通道，促进生物多样性的保护与恢复。同时，它们也是城市居民的绿色福祉，为市民提供了休闲游憩、亲近自然的好去处。

在维护城市生态平衡方面，需要建立科学的生态监测与评估体系，定期对城市生态环境进行全面检查，及时发现并解决生态问题。此外，还应推广绿色生活方式和低碳发展模式，鼓励市民减少资源消耗和环境污染，共同参与到生态保护的行动中来。

提高城市生态服务功能，意味着要让城市的生态环境更好地服务于市民的生活需求和社会发展。这包括提升城市绿地的景观质量、增强公园绿地的休闲游憩功能、推广雨水收集利用和绿色交通等环保措施。通过这些努力，可以让城市变得更加宜居、宜业、宜游，真正实现人与自然和谐共生的美好愿景。只有这样，才能为后世留下一个天蓝、地绿、水清的美好家园。

3. 促进可持续发展

通过合理规划和利用土地资源，促进经济、社会和环境的协调发展，实现城市的可持续发展。

在进行土地利用规划时，应遵循以下原则。

（1）可持续发展原则。

坚持经济发展、社会进步和生态环境保护相协调，实现土地资源的可持续利用。

（2）科学规划原则。

依据城市发展战略、资源环境条件和市场需求，制定科学合理的土地利用规划。

（3）节约集约原则。

充分挖掘土地潜力，提高土地利用效率，实现土地资源的节约集约利用。

（4）生态优先原则。

优先考虑生态用地的保护和建设，维护城市生态平衡。

（5）公众参与原则。

广泛征求公众意见，增强规划的透明度和公众参与度。

土地利用规划的主要内容如下。

（1）土地利用现状分析。

对现状土地利用情况进行调查和分析，明确土地利用的优势和不足。

（2）土地利用目标确定。

根据城市发展战略和资源环境条件，确定土地利用的目标和任务。

（3）土地利用结构调整。

调整和优化土地利用结构，合理布局各类用地。

（4）土地利用分区管理。

根据土地用途和功能，划分不同的土地利用区域，并制定相应的管理措施。

（5）土地利用政策制定。

制定土地利用政策，包括土地供应、地价管理、土地整治等方面的政策。

为确保土地利用规划的有效实施，需要建立相应的监管机制，包括以下几项。

（1）规划审批制度。

对土地利用规划方案进行审批，确保规划方案的合法性和科学性。

（2）规划实施监督。

对规划实施情况进行监督和管理，确保规划目标的实现。

（3）规划调整机制。

根据城市发展变化和市场需求，适时调整土地利用规划方案。

总之，土地利用规划是城市规划低碳设计的重要组成部分。通过科学合理的土地利用规划，可以优化城市空间布局，提高土地利用效率，促进城市的可持续发展。

3.1.2 交通组织规划技术策略

交通组织规划是低碳城市设计中的重要一环，其目标是通过优化交通结构和出行方式，减少交通拥堵和能源消耗，从而降低碳排放。以下是一些参考的交通组织规划策略。

1. 窄马路、密路网布局

这种布局理念通过增加支路网密度，减少主干道的交通压力，提高道路利用效率（图3.1-1）。同时，窄马路的设计能够鼓励更多行人和自行车的使用，减少机动车出行，从而降低碳排放。

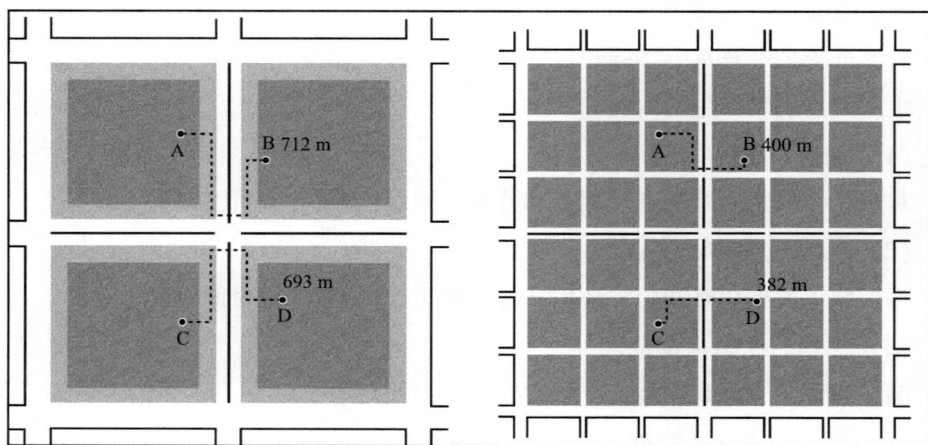

图 3.1-1　窄马路、密路网布局示意图

窄马路、密路网的布局理念作为现代城市规划中的一项创新策略，其深远影响远远超出了缓解交通拥堵的单一维度。这一理念的核心在于精细化地规划城市道路网络，通过大幅度提升支路网的密度，如同在城市血脉中增设了更多细微而灵活的毛细血管，有效分散了原本集中在主干道上的庞大交通流量。这样不仅显著减轻了主干道的交通负担，减少了因拥堵而产生的尾气排放和能源消耗，还极大地提高了整体道路网络的通行效率和灵活性。

窄马路的设计并非简单地缩减道路宽度，而是基于对人行友好、骑行便捷及绿色出行的深刻理解。这样的设计鼓励了市民更多地采用步行或骑行的方式穿梭于城市之间，享受沿途的风景，同时也促进了社区间的交流与互动。随着步行和骑行成为更受欢迎的出行方式，机动车的使用频率自然下降，进而实现了交通结构的优化和碳排放的实质性减少。

此外，窄马路与密路网的结合还促进了城市空间的合理利用和土地价值的提升。密集的支路网使得城市地块划分更加细致，为小型商业、文化、休闲等多元化业态提供了发展空间，增强了城市的活力和吸引力。同时，这些小路也成为连接居民区、公园绿地、商业区等重要节点的便捷通道，进一步缩短了人们的出行距离，提升了生活品质。

2. 公交优先策略

公交系统作为大容量、高效率的交通工具，在低碳交通体系中占据核心地位。通过建设完善的公交网络、优化公交线路和班次、提高公交服务质量，可以吸引更多市民选择公交出行，减少私家车的使用。

公交系统这一承载着城市脉动的大动脉，以其大容量、高效率的显著优势，在构建低碳、绿色、便捷的交通体系中稳稳占据了核心地位。它不仅关乎城市交通的流畅与高效，更是推动城市生态文明建设、提升居民生活质量的关键举措。

首先，建设完善的公交网络是基础中的基础。这意味着要在城市各个角落科学布局公交站点，确保无论是繁华的商业区、宁静的居民区，还是偏远的工业区，都能享受到便捷的公交服务。同时，利用大数据、云计算等现代信息技术，对公交线路进行智能化规划，确保每一条线路都能精准对接市民的出行需求，减少换乘次数，缩短等待时间。

其次，优化公交线路和班次是提升公交吸引力的关键。通过深入分析市民出行习惯、客流量变化等数据，灵活调整公交线路，避免资源浪费与重复建设。同时，根据早晚高峰、节假日等特殊时段的客流特点，适时增加班次密度，确保市民在高峰时段也能轻松搭乘公交，避免长时间等待的困扰。

此外，引入智能调度系统可实现公交车辆的实时监控与动态调度，进一步提升运营效率。再者，提高公交服务质量是吸引市民选择公交出行的核心。这包括提升车辆舒适度，如采用低噪声、低排放的新能源公交车，改善车内空调、座椅等硬件设施；加强驾驶员培训，提升服务态度与驾驶技能，确保行车安全。

随着公交优先策略的深入实施，越来越多的市民开始重新审视并选择公交作为日常出行的主要方式。这不仅有效减少了私家车的使用量，降低了城市交通拥堵与空气污染，还促进了城市资源的合理分配与高效利用。更重要的是，它激发了市民对低碳生活的热情与追求，为构建人与自然和谐共生的美好家园贡献了力量。

3. 慢行交通系统建设

慢行交通系统包括步行道和自行车道（图3.1-2）等，是低碳出行方式的重要组成部分。通过规划合理的慢行交通网络、设置步行和自行车专用道、提供自行车租赁和停放设施等，可以鼓励市民采用步行和自行车出行，减少机动车出行。

图 3.1-2　自行车道

这一系统不仅涵盖了宽敞舒适的步行道与便捷高效的自行车道，还融合了智能导航、安全监控及环保材料等前沿科技，共同构成了低碳、健康、可持续的出行新生态。

首先，规划合理的慢行交通网络是构建这一系统的基石。城市规划者需深入调研市民出行需求与习惯，结合城市地形地貌、历史风貌及未来发展蓝图，精心布局步行与自行车路径，确保它们能够无缝衔接居住区、商业区、办公区及公共绿地，形成一张四通八达、便捷高效的绿色出行网络。这样的设计不仅提升了市民的出行体验，也促进了城市空间的合理利用与活力焕发。

其次，设置步行和自行车专用道是保障慢行交通安全与顺畅的关键措施。这些专用道通过明确的标识、隔离设施及路面材质的优化，有效区分了机动车与非机动车的行驶空间，减少了交通冲突，提升了出行安全性。同时，沿途设置休息座椅、遮阳避雨设施及景观绿化带，进一步提升了步行与骑行的舒适度与愉悦感，让每一次出行都成为一次身心愉悦的旅程。

最后，提供完善的自行车租赁和停放设施是推广慢行交通、鼓励绿色出行的有效手段。政府与企业合作，在公共交通站点、商业中心、居民小区等关键节点设置智能自行车租赁点，通过手机 App 即可轻松借还，极大地便利了市民的短途出行需求。同时，合理规划自行车停放区域，引入智能管理系统，确保车辆有序停放，既维护了市容市貌，又避免了乱停乱放带来的安全隐患。

此外，随着物联网、大数据等技术的不断发展，慢行交通系统正逐步向智能化迈进。通过安装智能感应装置、实时监控系统及数据分析平台，可以精准掌握慢行交通流量、速度、密度等关键指标，为优化交通组织、提升管理水平提供有力支撑。同时，结合个人健康数据，为市民提供个性化的出行建议与健康指导，让慢行交通成为连接健康生活的桥梁，有望打造一个更加绿色、便捷、安全的慢行交通环境，让低碳出行成为城市生活的新风尚。

4. 智能交通管理系统

利用现代信息技术，建立智能交通管理系统（图 3.1-3），实现交通信号的智能控制和交通流量的智能调度。这不仅可以提高道路通行效率，减少交通拥堵，还可以降低机动车的油耗和排放。

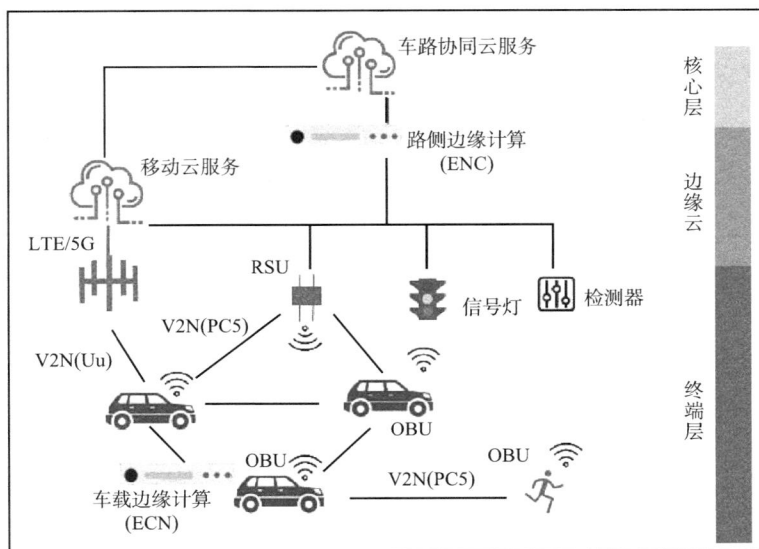

图 3.1-3　智能交通管理系统

智能交通管理系统作为现代城市化进程中的一项重要创新，深度融合了物联网、大数据、云计算及人工智能等前沿技术，构建起一个高效、智能、环保的交通管理网络。该系统通过遍布城市各个角落的传感器、摄像头及 GPS 定位设备等数据采集终端，实时收集道路交通流量、车速、车辆类型乃至道路状况等多维度信息，为交通管理提供了前所未有的精确数据支持。在实现交通信号的智能控制方面，智能交通管理系统能够根据实时交通数据，动态调整红绿灯的配时方案。这意味着，在高峰时段或特定路段，系统能够自动延长绿灯时间以缓解拥堵，或在车流稀少的时段缩短绿灯以减少等待时间。

此外，系统还能预测并应对突发事件（如交通事故或道路施工），通过快速调整信号灯策略，引导车辆绕行，有效避免次生拥堵的形成。在交通流量的智能调度上，系统则运用复杂的算法模型，对收集到的海量数据进行深度分析，识别出交通流的规律和趋势。基于此，系统能够制定出科学合理的交通疏导方案，包括优化公交线路、调整出租车和网约车的接单策略、为私家车提供最优行驶路线建议等，从而最大限度地平衡交通需求与供给，减少无效行驶和等待时间，显著提升道路通行效率。

更重要的是，智能交通管理系统的应用还带来了显著的环境效益。通过减少交通拥堵，车辆怠速和加速的频率降低，这不仅直接降低了机动车的油耗，还显著减少了尾气排放，对于改善空气质量、缓解城市热岛效应、保护生态环境具有积极意义。随着技术的不断进步和应用的深化，有理由相信，未来的城市交通将更加畅通无阻、绿色环保。

5. 地下环路与立体停车系统

通过建设地下环路和立体停车系统（图 3.1-4），可以有效利用地下空间，减少地面停车需求，缓解城市交通压力。同时，地下环路还可以作为城市内部交通的补充，实现交通流量的分流和疏导。

图 3.1-4 地下环路和立体停车系统

首先，地下环路作为城市交通网络中的隐形动脉，其建设不仅极大地扩展了交通承载能力，还巧妙地避开了地面交通的繁忙与嘈杂。这些环路如同城市的地下血脉，将不同区域的交通枢纽紧密相连，实现了车辆的高效流转与快速通达。通过精细规划，地下环路能够有效分流地面交通流量，特别是在高峰时段，能够显著减少地面道路的拥堵现象，为市民提供更加顺畅的出行体验。

与此同时，立体停车系统的引入更是将停车难题迎刃而解。传统地面停车场占地面积大，停车效率低，难以满足日益增长的停车需求。而立体停车系统（图3.1-5）通过垂直空间的充分利用，实现了停车位的成倍增加，极大地缓解了停车难的问题。车辆可以通过智能化的引导系统，快速准确地找到空闲车位，并完成停取车操作，大大节省了时间与精力。

图 3.1-5 立体停车系统

此外，立体停车系统的外观设计与周边环境相融合，不仅提升了城市形象，还促进了土地资源的集约利用。更值得一提的是，地下环路与立体停车系统的结合，构建了一个立体化的城市交通体系。地下环路作为城市内部交通的补充，与地面交通、公共交通等多种交通方式形成互补，共同构建了一个高效、便捷、绿色的综合交通网络。在这个网络中，车辆可以根据实时路况和出行需求，灵活选择最佳的行驶路线和停车方案，从而实现交通流量的智能分流与有效疏导。

3.1.3　生态环境规划技术策略

生态环境规划是低碳城市设计中不可或缺的一环，它旨在通过科学规划和管理，保护和恢复城市的自然生态系统，提高城市的环境承载能力。

1. 生态环境规划的基本原则

（1）生态优先原则。

在城市规划和建设中，应优先考虑生态环境的保护和恢复，确保城市的自然生态系统得到充分的尊重和保护。

（2）可持续性原则。

生态环境规划应注重可持续发展，确保资源的永续利用，避免对环境造成不可逆的损害。

（3）整体性原则。

生态环境规划应综合考虑城市各个区域和生态系统的相互关系，确保城市生态系统的整体性和稳定性。

2. 生态环境规划的主要内容

（1）绿地系统规划。

通过规划和建设城市绿地系统，包括公园、广场、街道绿化等，增加城市的绿地面积，提高城市的绿化覆盖率，为居民提供舒适的生活环境。

绿地系统规划是城市可持续发展的重要组成部分，它不仅是一项简单的环境美化工程，更是提升居民生活质量、促进生态平衡、增强城市韧性的关键举措。这一过程旨在通过精心规划与科学建设，构建一个多层次、多功能、高效益的城市绿地系统，将绿色元素巧妙融入城市的每一个角落。

首先，规划阶段，专业团队会深入调研城市的自然环境、气候条件、人口分布及居民需求等因素，制定出既符合生态规律又贴近民生需求的绿地系统规划方案。这一方案不仅关注于增加公园、广场等大型开放空间的数量与面积，更强调绿地系统的连通性与可达性，确保居民能够轻松便捷地享受到绿色空间带来的益处。

在公园设计上，规划者注重文化特色与自然景观的融合，力求打造各具特色、功能多样的主题公园、社区公园和街头绿地。这些公园不仅提供了休闲娱乐的场所，还融入了教育、科普、运动等多种功能，满足不同年龄层、不同兴趣爱好的居民需求。同时，通过引入本土植物、建设雨水花园等生态环境保护措施，增强公园的生态服务功能，促进生物多样性保护。

广场作为城市的重要节点，其绿地规划同样不容忽视。通过合理规划广场的布局与绿化，不仅可以提升城市形象，还能为市民提供聚会、交流、活动的公共空间。在设计中，注重广场的开放性、包容性和参与性，鼓励市民参与广场的绿化与美化，共同营造和谐美好的城市环境。

街道绿化作为城市绿地系统的重要组成部分，其重要性同样不言而喻。通过种植行道树、设置绿化带、打造口袋公园等方式，可以有效增加城市的绿地面积，改善城市微气候，减少热岛效应。同时，街道绿化还能提升城市的视觉美感，为市民的出行增添一份惬意与舒适。

（2）水系生态规划。

加强城市水系的管理和保护，恢复和改善水系的生态环境，确保水资源的可持续利用。同时，通过建设生态驳岸、湿地等，提高水系的生态功能。

水系生态规划作为现代城市规划中不可或缺的一环，其深远意义远不止于水面的管理与维护，更关乎城市生态平衡的构建与未来可持续发展的基石。具体而言，这一规划旨在通过一系列科学、系统的措施，全面加强城市水系的管理与保护力度，从根本上扭转因城市化进程加速而导致的水系退化趋势。

首先，加强城市水系的管理，意味着要建立健全的水资源管理体系，明确各级管理部门的职责与权限，确保每一项决策都能基于严谨的水文地质调查与生态影响评估之上。这包括但不限于水质监测、水量调控、防洪排涝等关键环节的优化升级，以及定期对水系进行健康评估，及时发现并解决潜在的环境问题。同时，推广公众参与机制，增强市民对水系保护的责任感与参与度，形成全社会共同关注、共同维护的良好氛围。

在保护与恢复水系生态环境方面，规划强调采取生态修复技术，如清淤疏浚、生态补水、植被恢复等，以自然方式促进水体的自我净化能力，恢复水系的自然流动性和生物多样性。通过引入本土水生植物和动物，构建稳定的生态系统，既美化了城市景观，又提升了水系的生态服务功能，如水质净化、气候调节、休闲娱乐等。

此外，规划还特别强调了通过建设生态驳岸与湿地系统来进一步提升水系的生态功能。生态驳岸采用自然石料、植被覆盖等生态材料，既保证了河岸的稳定性，又促进了水陆之间的物质交换与能量流动，为水生生物提供了更多栖息空间。而湿地则如同城市中的"绿色肾脏"，能够有效净化水质、蓄洪防旱、调节微气候，并成为城市生物多样性的重要载体。通过科学规划与精心设计，这些湿地不仅提升了城市的生态品质，还成为市民亲近自然、享受生活的理想场所。

（3）生物多样性保护。

通过保护和恢复城市生态系统中的生物多样性，维护城市的生态平衡和稳定。这包括保护野生动植物资源、建立自然保护区等措施。

首先，保护野生动植物资源是基础且核心的任务。这要求对城市及周边区域内的珍稀濒危物种进行详尽的普查与监测，建立物种档案，实施严格的保护政策，防止非法捕猎、贸易和栖息地破坏。同时，通过人工繁育、野化放归等手段，努力增加种群数量，恢复其自然分布范围，让城市的绿意中再次响起鸟鸣兽吼，展现出勃勃生机。其次，建立自然保护区是保护生物多样性的重要策略之一。在城市规划中，应合理规划并划定自然保护区，为野生动植物提供安全无虞的栖息地和繁殖场所。这些区域不仅保护了生物多样性，还成为城市中的"绿肺"，能够调节气候、净化空气、涵养水源，为城市居民提供亲近自然、休闲放松的宝贵空间。

此外，自然保护区还扮演着科研与教育的重要角色，为生态学家提供研究样本，向公众普及生物多样性知识，增强全社会的生态保护意识。除上述措施外，生物多样性保护还需注重生态系统的整体修复与提升。这包括恢复城市湿地、河流、湖泊等自然水体，改善水质，恢复水生生物群落；加强城市绿化，推广本土植物种植，构建多层次的生态景观，为鸟类、昆虫等小型生物提供丰富的食物来源和栖息环境；推动绿色建筑和低碳交通的发展，减少人类活动对生态环境的负面影响。

生物多样性保护是一项长期而艰巨的任务，需要政府、企业和每一个社会成员的共同努力。通过保护和恢复城市生态系统中的生物多样性，不仅能够维护城市的生态平衡和稳定，还能为后代留下一个更加美丽、宜居的地球家园。

（4）环境污染治理。

加强对城市环境污染的治理，包括空气、水、噪声等污染源的治理和控制，减少污染物的排放，改善城市环境质量。

首先，针对空气污染的治理，需从源头入手，严格监管工业排放，推动企业进行技术改造，采用更加环保的生产工艺，减少二氧化硫、氮氧化物、颗粒物等有害物质的排放。同时，加大对燃煤锅炉、机动车尾气等移动源的治理力度，推广清洁能源使用，如电动汽车、天然气车辆等，以减少尾气排放对空气质量的影响。

此外，还应加强城市绿化建设，增加植被覆盖，利用植物的自然净化能力，提升空气质量。在水污染治理方面，应建立健全水质监测网络，对河流、湖泊、水库等水体进行定期监测，及时发现并处理水污染问题。对于工业废水和生活污水的排放，必须严格执行排放标准，建设和完善污水处理设施，确保废水经过处理后再行排放，避免对水体造成污染。

噪声污染作为城市环境中另一大顽疾，同样不容忽视。为降低噪声污染，需要合理规划城市布局，避免将居住区、学校等需要安静环境的区域与工业区、交通干线等噪声源相邻布置。同时，加强交通噪声管理，可采取推广低噪声路面材料，限制高噪声车辆进城，设置禁鸣区域等措施。此外，还应加强建筑施工噪声的监管，要求施工单位采取降噪措施，合理安排施工时间，减少对周边居民的影响。

3. 生态环境规划的实施策略

（1）制定科学规划。

根据城市的实际情况和发展需求，制定科学的生态环境规划，明确规划的目标、任务和措施。

（2）加强法规建设。

建立健全生态环境保护的法律法规体系，为生态环境规划的实施提供法律保障。

（3）推广先进技术。

积极推广先进的生态环境保护技术和管理方法，提高生态环境规划的实施效果。

（4）加强公众参与。

鼓励公众参与生态环境规划的实施和监督，提高公众的环保意识和参与度。

3.2　低碳建造设计技术策略

低碳建造设计技术旨在通过科学、合理的设计，减少建筑在全生命周期内的能源消耗和碳排放，实现建筑与环境的和谐共生。

3.2.1　建筑绿化设计技术策略

建筑绿化设计技术是低碳建筑设计中的重要组成部分，它通过将绿色植物和自然景观融入建筑设计，不仅美化了建筑环境，更在节能减排、改善微气候、提升居民生活质量等方面发挥了重要作用。

1. 建筑绿化设计的原则

（1）生态优先。

在进行建筑绿化设计时，应充分考虑当地的气候、土壤、植被等自然条件，选择适宜的绿化植物和景观配置，确保绿化效果的生态性和可持续性。

（2）功能导向。

绿化设计应服务于建筑的功能需求，如遮阳、降噪、降温等，通过合理的植物配置和景观设计，提高建筑的舒适度。

（3）美观与实用相结合。

绿化设计应注重美观性，通过植物和景观的巧妙搭配，营造宜人的建筑环境。同时，绿化设计也应注重实用性，满足居民的日常休闲和娱乐需求。

2. 建筑绿化设计的方法

（1）屋顶绿化。

屋顶绿化是一种有效的低碳建筑设计方法。通过在建筑屋顶种植绿色植物（图3.2-1），可以有效降低屋顶温度，减少建筑能耗。同时，屋顶绿化还能增加城市的绿地面积，改善城市生态环境。

图 3.2-1　屋顶绿化示意图

屋顶绿化这一创新而环保的建筑设计理念正逐渐成为现代都市绿色转型的重要推手。它不仅是一种简单的装饰手段，更是实现低碳生活、促进可持续发展的重要途径。具体而言，屋顶绿化通过精心规划与设计，在建筑物的顶部空间巧妙布局，种植各类适应性强、生态效益显著的绿色植物，如耐旱的景天科植物、净化空气能力强的吊兰及能吸引鸟类的果树等，从而构建出一个微型的生态系统。

这一系统的运作显著降低了屋顶的温度。在炎炎夏日，绿色植被通过蒸腾作用释放水分，有效吸收并反射太阳辐射，减少了热量向建筑内部的传导，使得室内温度得到自然调节，大大降低了空调等制冷设备的能耗。据统计，实施屋顶绿化的建筑，其夏季室内温度可比未绿化屋顶低 3～5 ℃，这对于减少能源消耗、缓解城市热岛效应具有不可小觑的作用。

屋顶绿化还极大地丰富了城市的绿色空间。随着城市化进程的加速，土地资源日益紧张，地面绿化空间有限。而屋顶绿化作为一种垂直绿化的形式，不仅不占用宝贵的地面土地资源，反而为城市增添了一抹生机勃勃的绿色。这些"空中花园"不仅美化了城市天际线，提升了居民的生活质量，还成为城市中不可或缺的生态屏障，有助于改善空气质量，减少噪声污染，为鸟类和其他野生动物提供栖息之所，促进了生物多样性的保护。

同时，屋顶绿化还蕴含着深刻的社会经济价值。它能够提高建筑的隔热保温性能，延长建筑使用寿命，减少维修成本。同时，屋顶绿化作为城市绿肺，能够吸引居民和游客驻足观赏，促进周边商业的发展，为城市带来额外的经济收益。此外，屋顶绿化项目往往与社区建设、环保教育等相结合，增强了公众的环保意识和参与度，促进了社会的和谐发展。

屋顶绿化作为一种有效的低碳建筑设计方法，其意义远不止于美化环境、降低能耗那么简单。它是对传统建筑设计理念的一次革新，是对城市可持续发展路径的一次积极探索。随着技术的不断进步和人们环保意识的日益增强，相信屋顶绿化将在未来城市建设中发挥更加重要的作用，让人们的城市更加宜居、更加美好。

（2）墙面绿化。

墙面绿化（图 3.2-2）是另一种重要的建筑绿化设计方法。通过在建筑墙面上种植攀爬植物，不仅可以增加建筑的美观性，还能改善建筑的热工性能，降低夏季室内温度。

图 3.2-2　墙面绿化

墙面绿化设计正逐渐成为现代城市规划与建筑设计领域中的一抹亮色。它不仅是一种装饰手段，更是对生态平衡与可持续发展理念的深刻践行。通过在建筑物的垂直表面上精心培育并种植各类攀爬植物，墙面绿化以其独特的魅力，为城市空间增添了一抹生机盎然的绿意。

首先，从美学角度来看，墙面绿化极大地丰富了建筑外观的层次感和色彩变化。随着季节的更迭，这些攀爬植物会展现出不同的生长状态与色彩风貌，从初春的嫩绿到盛夏的浓郁，再到秋日的金黄与冬日的坚韧，为建筑物披上了一层四季变换的自然外衣。这不仅让冰冷的建筑表面变得柔软而富有生命力，也极大地提升了城市景观的多样性和观赏性，使人们在繁忙的都市生活中能够感受到自然的亲近与慰藉。

墙面绿化在改善建筑热工性能、提升居住舒适度方面发挥着不可忽视的作用。在炎热的夏季，攀爬植物如同天然的遮阳伞，能够有效阻挡太阳直射，减少建筑外表面吸收的热量，从而降低室内温度，减少空调的使用频率和能耗。同时，植物叶片通过蒸腾作用释放水分，进一步增强了建筑的降温效果，营造出更加凉爽宜人的室内环境。这种被动式的节能措施不仅有助于缓解城市热岛效应，也是实现绿色建筑、低碳生活的重要途径。

此外，墙面绿化还具备净化空气、降低噪声等多重生态效益。攀爬植物能够吸收空气中的有害物质，如尘埃、二氧化碳等，并释放出氧气，改善周围空气质量。同时，它们茂密的枝叶还能有效吸收和反射噪声，为城市居民提供更加宁静的生活空间。随着技术的不断进步和人们环保意识的增强，相信墙面绿化将在城市建设中发挥更加重要的作用，成为连接人与自然、促进生态平衡的重要桥梁。

（3）庭院绿化。

庭院是建筑的重要组成部分，也是绿化设计的重要区域（图 3.2-3）。在庭院中进行绿化设计，可以创造宜人的休闲空间，提高居民的生活质量。同时，庭院绿化还能改善建筑的微气候环境，减少城市热岛效应。

庭院作为建筑群体中不可或缺的温馨绿洲，不仅是居住空间的美学延伸，更是人与自然和谐共生的智慧结晶。它不仅是建筑物围合出的一片私密天地，更是绿化设计大显身手的广阔舞台。在这片被精心雕琢的土地上，每一株绿植、每一条曲径、每一方水景都承载着设计师对美好生活的无限憧憬与巧妙构思。在庭院的绿化设计中，设计师巧妙运用植物的季相变化与色彩搭配，营造出四季更迭、风景各异的休闲空间。春日里，桃花笑春风，樱花如云似霞，让庭院披上了一层粉嫩的轻纱；夏日来临，绿荫浓密，藤蔓缠绕，为居民提供了一片避暑的凉爽之地；秋风送爽时，枫叶如火，银杏叶金黄，铺就一条通往诗意的金色大道；冬日雪后，松柏苍翠，银装素裹，展现出别样的静谧与纯洁。这样的设计，不仅丰富了庭院的景观层次，更让居民在日常生活中就能感受到自然界的奇妙与美好，极大地提升了生活的品质与幸福感。

图 3.2-3　庭院绿化

而庭院绿化的深远意义远不止于此。它如同一台天然的空调机，通过植物的蒸腾作用，调节着周围环境的温湿度，有效改善了建筑的微气候环境。在炎热的夏季，浓密的树荫和丰富的植被能有效阻挡太阳直射，减少地表的热辐射，从而降低室内温度，减轻空调负担，节约能源。同时，绿化的植被还能吸收空气中的尘埃、二氧化碳等有害物质，释放氧气，净化空气，为居民提供更加清新的生活环境。

此外，庭院绿化在缓解城市热岛效应方面也扮演着重要角色。随着城市化进程的加快，高楼大厦密集，绿地减少，导致城市内部温度明显高于郊区，形成了所谓的"热岛效应"。而庭院作为城市中的微型绿地，其绿化效果如同一个个"绿肺"，通过蒸腾散热、遮阴降温等方式，有效降低了周边区域的温度，缓解了热岛效应，为城市生态环境的改善做出了积极贡献。

3. 建筑绿化设计的实施策略

（1）制定绿化设计方案。

根据建筑的功能需求和当地的气候条件，制定科学合理的绿化设计方案。设计方案应充分考虑植物的种类、数量、布局和景观效果等因素。

（2）选择适宜的绿化植物。

选择适应当地气候、土壤条件的绿化植物，确保植物的成活率和生长状况。同时，应选择具有较强生态功能和观赏价值的植物品种。

（3）加强绿化养护管理。

绿化养护管理是确保绿化效果持久性的关键。应建立健全的绿化养护管理制度，定期对植物进行浇水、施肥、修剪等养护工作，确保植物的健康生长和景观效果。

总之，建筑绿化设计技术是低碳建筑设计中的重要组成部分。通过科学、合理的绿化设计，不仅可以美化建筑环境，还能实现节能减排、改善微气候、提升居民生活质量等多重目标。因此，在未来的建筑设计中，应充分重视绿化设计技术的应用和发展。

3.2.2 自然通风设计技术策略

自然通风设计技术作为低碳建筑设计中的一大亮点，以其独特的优势在建筑节能领域发挥着重要作用。该技术通过利用自然气流，实现建筑内部空气的自然流通，不仅有效降低了建筑能耗，还改善了室内环境，提高了居住舒适度。

自然通风设计技术的原理基于气压差和风力作用，通过建筑内外气压差和风的垂直面之间的相互作用，实现室内空气的流动。与传统的机械通风相比，自然通风设计技术具有以下显著优势。

（1）低能耗。

自然通风不依赖机械设备，无须消耗电能，降低了建筑的整体能耗。

（2）环保。

自然通风不产生噪声、尾气或其他污染物，对环境友好，符合绿色建筑的发展理念。

（3）经济。

自然通风系统的安装和运行成本较低，降低了建筑的投资成本。

自然通风设计技术的实现方式主要包括以下几种。

1. 建筑设计优化

在建筑设计阶段，通过优化建筑的朝向、窗墙面积比、通风口布局等因素，建筑能够充分利用自然气流，实现良好的自然通风效果。

首先，优化建筑的朝向是这一过程中的关键环节。设计师会充分考虑当地的气候条件、日照轨迹及风向特征，精心选择最佳的建筑朝向。在温暖湿润的地区，建筑可能被设计成南北朝向，以最大限度地减少夏季直射阳光带来的过热问题，同时利用冬季的温暖阳光进行自然采暖。而在干燥或寒冷地区，则可能采取东西朝向，以更好地捕捉日间的热量并减少夜间热量散失。这样的设计策略不仅提升了居住者的舒适度，还显著降低了对人工制冷或供暖系统的依赖。

其次，窗墙面积比的调整也是至关重要的。合理的窗墙比不仅能够为室内提供充足的自然光线，减少照明能耗，还能够有效促进室内外的空气交换。设计师会根据建筑的功能需求、使用习惯及外部环境特点，精确计算并设定每个房间的窗墙比例。例如，在需要良好视野和通风的公共空间，如客厅和餐厅，可能会采用较大的窗户设计；而在需要较高私密性和保温性能的区域，如卧室和书房，则会相应减小窗户面积，以确保室内环境的舒适与节能。

此外，通风口的布局同样不容忽视。为实现良好的自然通风效果，设计师会巧妙地在建筑内外设置进风口与出风口，利用风压和热压原理，引导自然气流在建筑内部顺畅流动。在设计中，可能会引入天井、中庭或风道等设计元素，以创造局部的气流加速区，进一步增强通风效果。

同时，还会考虑季节性的风向变化，通过可调节的百叶窗、遮阳板等装置，灵活控制通风口的开启与关闭，以适应不同季节的通风需求。

建筑设计优化是一个涉及多方面因素的复杂过程，它要求设计师具备深厚的专业知识、敏锐的洞察力和创新的思维能力。通过精心规划与巧妙布局，建筑不仅能够充分利用自然气流，实现良好的自然通风效果，还能够在节能减排、提升居住品质等方面展现出显著的优势。这样的设计理念不仅体现了人类对自然环境的尊重与顺应，更是未来建筑发展的必然趋势。

2. 通风口设计

通风口是实现自然通风的关键部分，其位置和尺寸设计应充分考虑当地气候条件、建筑使用功能等因素，以确保室内外空气流通顺畅。

通风口设计作为建筑设计中不可或缺的一环，不仅是实现自然通风的核心要素，更是营造健康、舒适室内环境的关键所在。在深入规划与设计这一细节时，设计师需细致入微地考量多种因素，以确保通风口的布局与尺寸能够完美契合建筑的实际需求与环境特性。

首先，地理位置与气候条件无疑是影响通风口设计的首要因素。在炎热的夏季，通风口的位置应倾向于选择能够引入凉爽夜风的方向，如南北朝向的墙面或屋顶，同时考虑避开直射阳光的照射，以减少热量进入室内。而在寒冷的冬季，则需巧妙利用风向，确保通风口在需要时能迅速排除室内湿气与污浊空气，同时又能有效阻隔外界寒风，维持室内温暖。这要求设计师不仅要熟悉当地四季风向的变化规律，还要结合地形地貌进行综合分析，以达到最佳的通风效果。

其次，建筑的使用功能也是决定通风口设计的重要依据。例如，在住宅设计中，卧室与客厅的通风口可能需要设置得更加隐蔽且柔和，以减少噪声干扰并确保良好的睡眠质量；而在商业建筑如餐厅、办公室等空间，通风口则需保证足够的进风量，以快速排除油烟、异味及人群活动产生的热量，维持室内空气的新鲜与流通。此外，对于特殊用途的建筑（如医院、实验室等），还需考虑通风口的密封性、过滤效率及紧急情况下的排烟需求，确保空气质量的绝对安全。

再次，通风口的尺寸设计同样不容忽视。过大或过小的尺寸都可能导致通风效果不佳。设计师需根据建筑体积、室内布局、人员密度及活动强度等因素，精确计算所需的风量，并据此确定通风口的尺寸。同时，还需考虑通风口的形状与排列方式，以优化气流路径，减少涡流与死角，实现室内外空气的高效对流。

最后，随着科技的不断进步，智能化技术在通风口设计中的应用也日益广泛。通过安装温湿度传感器、空气质量监测器等设备，结合智能控制系统，可以实现通风口的自动调节与远程控制，根据室内环境的变化灵活调整通风策略，进一步提升室内环境的舒适度与节能效果。

3. 风道设计

风道是将外部新鲜空气引导到室内，并将污浊空气排出建筑的重要通道。风道的设计应合理布局，避免气流短路或死角，确保空气流通均匀。

风道不仅是连接室内外空气的桥梁，更是保障室内空气质量、创造健康舒适居住环境的基石。在现代建筑中，风道设计被赋予了更为复杂和精细的要求，以确保空气流动的高效性、均匀性和清洁性。

首先，风道的设计需充分考虑到建筑的整体布局与功能分区。通过精确计算建筑物的体积、高度、人员密度及设备散热量等因素，科学规划风道的走向、截面尺寸及分支设置，以实现空气流动路径的最优化。这要求设计师不仅要精通空气动力学原理，还需具备对建筑结构的深刻理解，以确保风道布局既符合建筑美学，又满足通风需求。

为避免气流短路或死角的出现，风道设计中融入了多种技术手段。例如，采用变截面设计以适应不同区域的通风需求，确保风量分配均衡；在风道转弯处设置导流板或采用圆滑过渡，减少气流阻力和涡流产生。同时，合理设置排风口和进风口的位置和数量，确保污浊空气能被有效排出，而新鲜空气则能均匀分布至室内每一个角落。

此外，随着科技的进步，智能化、自动化的元素也被越来越多地融入风道设计中。通过安装传感器监测室内空气质量，结合智能控制系统自动调节风道内的风量、风速及温度，实现精准通风。这不仅提高了通风效率，还大大节省了能源，符合绿色建筑的发展趋势。

在细节处理上，风道设计同样不容忽视。材料的选择需考虑其耐腐蚀性、防火性及环保性，以确保长期使用过程中不会对空气造成二次污染。同时，风道内壁应保持光滑，减少积尘和细菌滋生的可能。施工过程中，还需严格遵循施工规范，确保风道连接处密封严密，防止漏风现象的发生。

风道设计是一个集科学性、艺术性和实用性于一体的复杂过程。它要求设计师在充分理解建筑需求的基础上，运用先进的设计理念和技术手段，创造出既美观又高效的通风系统。只有这样，才能真正实现将外部新鲜空气源源不断地引入室内，同时将污浊空气彻底排出的目标，为人们营造一个健康、舒适的居住环境。

3.2.3　日照采光设计技术策略

日照采光设计是低碳建筑设计中不可或缺的一环（图 3.2-4）。良好的日照采光设计不仅能够为建筑内部提供充足的自然光线，减少人工照明的使用，从而降低能耗和碳排放，还能提升居住者的舒适度和满意度。下面将详细介绍日照采光设计技术的关键要点。

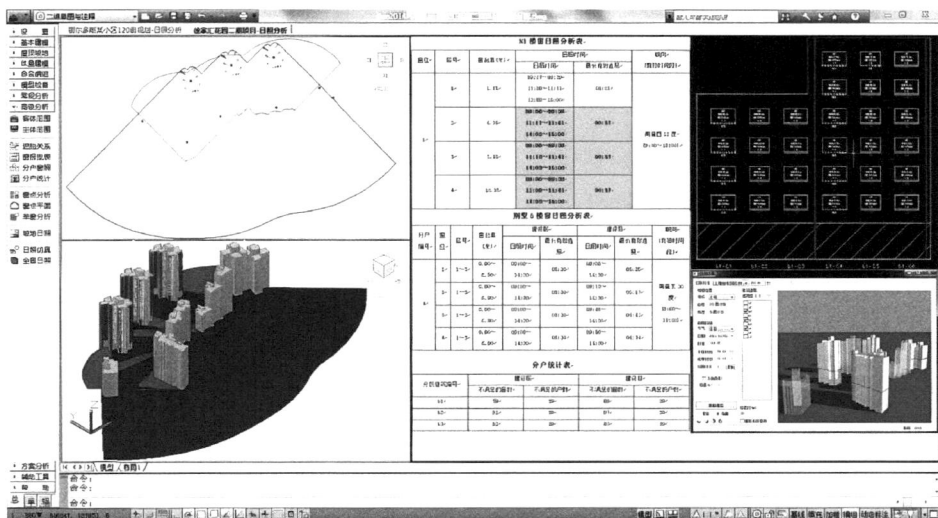

图 3.2-4　日照分析

1. 合理布局

在日照采光设计的精细考量中，首要且核心的任务在于精心规划建筑的合理布局，这一步骤不仅是对技术层面的挑战，更是对居住者生活品质与环境保护深刻理解的体现。具体而言，设计师需细致入微地调整建筑的朝向，力求使每一栋建筑都能最大化地迎接清晨的第一缕阳光，同时避免午后强烈的阳光直射造成的不适与能耗增加。通过精密的计算与模拟，确定最佳的建筑朝向角度，确保冬季能充分吸纳温暖的阳光，而夏季则能有效减少热辐射的侵扰。

在间距的设定上，设计师需综合考虑日照时长、太阳高度角变化及建筑之间的相互影响，合理增大楼间距，以减少相邻建筑间产生的阴影遮挡，保证每栋建筑都能享有充足的日照时间。这不仅关乎居民日常生活的舒适度，也是提升建筑整体节能效果的重要手段。

此外，建筑的形体设计同样不容忽视。通过采用流线型、退台式或错落有致的布局方式，可以巧妙地引导阳光深入建筑内部，增加室内自然光照的覆盖面积和时长。同时，合理的形体设计还能有效减少建筑自身的阴影面积，降低对周边环境的负面影响。

在关注建筑本身设计的同时，设计师还需将目光投向更为广阔的周边环境。周边建筑的高度、密度及绿化情况都是影响日照采光的重要因素。例如，高密度、高层建筑群可能会形成"峡谷效应"，加剧阴影遮挡问题；而适当的绿化不仅能美化环境，还能通过植物的光合作用改善局部气候，间接提升日照质量。因此，设计师需与城市规划者紧密合作，综合考虑区域整体发展策略，确保日照采光设计既满足当前需求，又兼顾未来发展。

总之，日照采光设计是一项系统工程，需要设计师在深入理解建筑与环境关系的基础上，通过科学计算与创意思维，不断优化建筑布局、调整设计参数，并充分考虑周边环境的综合影响。只有这样，才能创造出既舒适又节能的居住环境，为城市的可持续发展贡献力量。

2. 优化窗户设计

窗户作为建筑设计中不可或缺的元素，不仅是连接室内与室外世界的桥梁，更是自然光线与空气流通的主要通道，对建筑的日照采光起着至关重要的作用。在精心构思的建筑蓝图里，窗户的设计远非简单的开凿洞口，而是需要深思熟虑，依据建筑的整体风格、功能布局及当地的气候条件进行科学合理的规划。

首先，设计师会深入剖析每个房间的功能需求。在宽敞明亮的客厅中，为营造温馨舒适的家庭聚会氛围，窗户的设计往往追求最大化视野与光线摄入。这些窗户不仅尺寸宽大，还可能采用落地窗或全景窗的形式，让自然光毫无保留地洒满每一个角落，同时也为居住者提供了远眺风景的绝佳视角。而在私密性较高的卧室，窗户的设计则更注重平衡采光与隐私保护，通过合理的位置选择与适当的窗帘搭配，既保证了充足的日照，又确保了居住者的私密空间不受侵扰。对于采光需求相对较低的区域，如卫生间和厨房，窗户的设计则更加灵活多变。考虑到这些空间通常较为紧凑且功能性强，窗户的尺寸会相应缩小，但位置的选择却尤为关键。它们往往被巧妙地安置在不影响功能布局且能引入适量自然光的位置，如厨房的洗涤区或卫生间的淋浴区旁，既满足了基本的采光需求，又避免了直射光线可能带来的不适。

其次，为进一步提升居住体验，设计师还会巧妙地运用遮阳设施、百叶窗等智能化手段，实现对室内光线和温度的精细调节。在炎炎夏日，遮阳帘或百叶窗可以有效阻挡强烈的阳光直射，减少室内热量积聚，保持室内凉爽宜人；而在寒冷的冬季，通过调整遮阳设施的角度，又能让温暖的阳光穿透云层，温柔地洒进房间，为冬日增添一抹温馨。

窗户的设计不仅是建筑外观的点缀，更是提升居住品质、实现人与自然和谐共生的关键所在。通过科学合理的规划与布局，窗户不仅满足了建筑的基本功能需求，更以其独特的魅力，为人们的生活空间增添了无限的光彩与活力。

3. 引入新技术

随着科技的日新月异，建筑行业正经历着一场前所未有的变革，其中日照采光设计作为提升居住与工作环境舒适度的重要环节，更是受益匪浅。如今，越来越多的前沿技术被巧妙融入这一领域，不仅极大地丰富了设计的可能性，还为用户带来了前所未有的便捷与享受。

在智能控制系统的应用上，这一创新不仅限于简单的开关调节。系统内置的高精度传感器能够实时监测室内外光线强度、紫外线辐射水平及室内外温差等环境参数，通过先进的算法分析，精准预测并自动调整窗户的开合角度与速度，甚至能够根据用户的生活习惯和偏好，在特定时间段内预设光线与温度的最佳状态。

此外，遮阳帘、百叶窗等遮阳设施也实现了智能化联动，它们能够根据太阳的位置和光线的角度自动调整至最佳遮挡位置，既有效防止了眩光和过热，又确保了室内充足的自然光照明，实现了能源的高效利用与环境的和谐共生。

而导光管与光导纤维等新型采光技术的引入，更是将自然光的利用推向了一个新的高度。这些技术通过精密的光学设计和高效的传输材料，能够将室外纯净、柔和的光线经过收集、传输，最终无损地引入室内那些传统照明难以触及的角落，如深邃的走廊、阴暗的地下室等（图 3.2-5）。这些光线不仅照亮了空间，更以其独特的自然质感，营造出温馨、舒适的氛围，极大地提升了居住者的生活品质和心理健康。同时，这些技术还显著减少了人工照明的需求，降低了能耗，符合现代绿色建筑的理念。

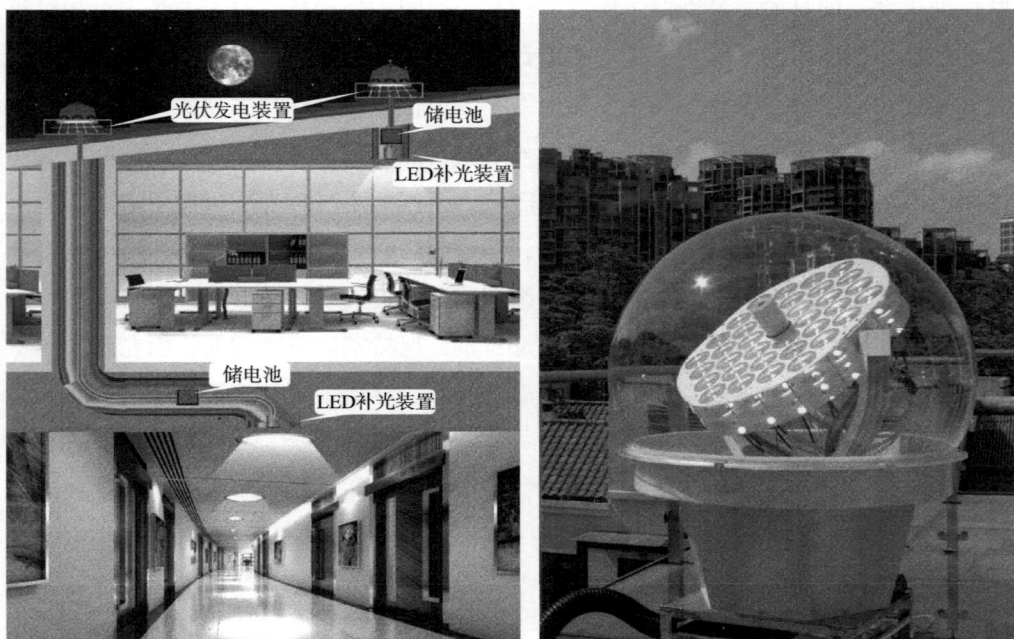

图 3.2-5 导光管与光导纤维照明

值得一提的是，随着物联网、大数据及人工智能技术的深度融合，未来的日照采光设计将更加个性化与智能化。用户可以通过智能手机或智能家居平台轻松实现对室内光环境的远程监控与个性化定制，如根据季节变化、天气状况或一天中不同时间段的自然光特点，灵活调整室内光线布局，让家的每一个角落都充满恰到好处的温暖与光明。这种高度灵活性与智能化的设计无疑将为人们的生活带来更多的便利与惊喜。

4. 考虑可持续发展

在日照采光设计的综合考量中，融入可持续发展的理念是至关重要的一环，它不仅关乎建筑当前的功能性与美观性，更是对未来环境负责的重要体现。这一设计理念要求人们在每一个细节上都力求平衡人与自然的关系，促进资源的合理利用与环境的保护。

首先，在窗户材料的选择上，不再局限于传统材料的坚固耐用，而是将目光投向了那些可再生、可循环使用的环保材料。例如，利用竹材、再生木材或高性能的回收塑料作为窗框材料，这些材料不仅具有优异的物理性能，能够有效抵御风雨侵蚀和日晒老化，更重要的是在生产、使用和废弃的全生命周期中，对环境的影响远小于传统材料。

其次，还会考虑使用低辐射镀膜（Low-E）玻璃，这种玻璃能在有效阻挡紫外线的同时，允许自然光充分进入室内，减少了对人工照明的依赖，进一步降低了能耗。遮阳设施的设计同样体现了可持续发展的智慧。人们不再简单地安装遮阳篷或百叶窗，而是采用更加智能、高效的遮阳系统。这些系统能够根据太阳的位置、强度及室内光线需求自动调节角度或密度，确保室内光线柔和舒适，同时最大限度地减少太阳辐射热进入室内，降低空调能耗。部分先进系统还集成了太阳能板，将收集到的太阳能转化为电能，直接用于驱动遮阳装置，实现了能源的自给自足和循环利用。

此外，在窗户的开启方式上，倡导采用电动或气动等低能耗的自动化控制系统。这些系统通过精密的传感器和控制器，实现了对窗户开关的精准控制，既方便了用户的操作，又避免了因人为疏忽而导致的能源浪费。更重要的是，这些系统往往具备智能学习功能，能够根据用户的日常习惯自动调整窗户的开合状态，进一步提升了建筑的能效水平。

最后，还将可持续发展的理念贯穿于整个设计过程的始终，从建筑布局、空间规划到材料选择、施工工艺，每一个环节都力求做到绿色环保、节能减排。相信通过这样的努力，不仅能为人们创造出一个更加舒适、健康的居住环境，还能为地球的可持续发展贡献一份力量。

3.2.4　保温隔热设计技术策略

保温隔热设计是低碳建筑设计中不可或缺的一环。它通过提高建筑的保温隔热性能，有效减少能源消耗，达到节能减排的目的。以下是保温隔热设计技术的几个关键方面。

1. 材料选择

在保温隔热设计的精细考量中，材料的选择无疑是奠定节能与环保基础的关键一步。这一决策不仅关乎建筑能耗的有效控制，更直接影响到居住者的舒适度与生态环境的可持续发展。常用的保温隔热材料（如岩棉、聚苯板、泡沫玻璃及聚氨酯等）各自以其独特的优势在行业内占据了重要地位。

岩棉（图 3.2-6）作为一种源自天然岩石的矿物纤维制品，其卓越的保温隔热性能得益于其内部丰富的纤维孔隙结构。这些微小的气孔如同天然的隔热屏障，有效减缓了热量的传导与对流，为建筑披上了一层温暖的防护衣。同时，岩棉还具备优异的防火性能和良好的吸音效果，进一步提升了建筑的整体安全性与居住品质。

图 3.2-6 岩棉

聚苯板（图 3.2-7）以其轻质高强、导热系数低的特点广泛应用于墙体、屋顶及地板的保温隔热中。其独特的闭孔结构确保了材料内部空气的对流被极大限制，从而实现了高效的隔热效果。此外，聚苯板的生产过程相对环保，可回收再利用，符合绿色建筑循环经济的理念。

图 3.2-7 聚苯板

泡沫玻璃（图 3.2-8）则是一种通过高温熔融无机材料并加入发泡剂制成的轻

质多孔材料，又称多孔玻璃或泡沫玻璃，是一种气孔率在 90% 以上，由均匀的气孔组成的隔热玻璃。它的气孔结构具有硼硅酸盐的物理性质，用作隔热材料具有不透气、不燃烧、不变形、不变质、不污染食品等特点，它不仅继承了玻璃材料的耐腐蚀、抗老化特性，还因其独特的泡孔结构而具备了优异的保温隔热性能。泡沫玻璃的无机成分使得其在高温环境下依然能保持稳定性能，成为工业厂房、冷库等特殊环境保温隔热的理想选择。

图 3.2-8　泡沫玻璃

而聚氨酯材料更是凭借其卓越的保温隔热性能和良好的施工性能，在保温隔热领域占据了举足轻重的地位。聚氨酯泡沫可以在现场直接喷涂或浇筑成型，与基材紧密粘结，形成无缝的保温隔热层，有效防止了冷热桥现象的产生。同时，聚氨酯材料还具有良好的防水性和耐候性，能够长期保持稳定的保温隔热效果。

这些保温隔热材料在具备优良性能的同时，也积极响应了绿色建筑的发展需求。它们在生产、使用及废弃处理的全生命周期中，均力求减少对环境的负面影响，符合节能、减排、可循环的绿色建筑理念。因此，在保温隔热设计中，合理选择并科学应用这些材料，不仅能够显著提升建筑的能效水平，还能够为构建低碳、环保、可持续的居住环境贡献重要力量。

2. 外墙保温技术

外墙保温技术作为现代建筑节能领域的一项重要举措，其核心目的在于通过在建筑的外墙表面科学合理地设置保温层，从而显著提升建筑物的保温隔热性能，为居住者或使用者营造一个更加舒适、节能的室内环境。这一技术不仅响应了全球节能减排的号召，也是提升建筑能效、降低能耗的关键途径。

在具体实施外墙保温层的过程中，施工方式的选择至关重要。粘贴法作为常见的施工手段之一，通过高性能的胶黏剂将保温材料牢固地粘附于墙体表面，这种方式施工便捷（图 3.2-9），成本相对较低，尤其适用于平整的墙面。而干挂法则更多地应用于高层建筑或对外观有特殊要求的建筑上。它采用金属挂件将保温板直接悬挂于墙体结构之外，不仅安装灵活，还能有效避免湿作业对墙体的潜在损害，同时赋予建筑更加丰富的立面效果。

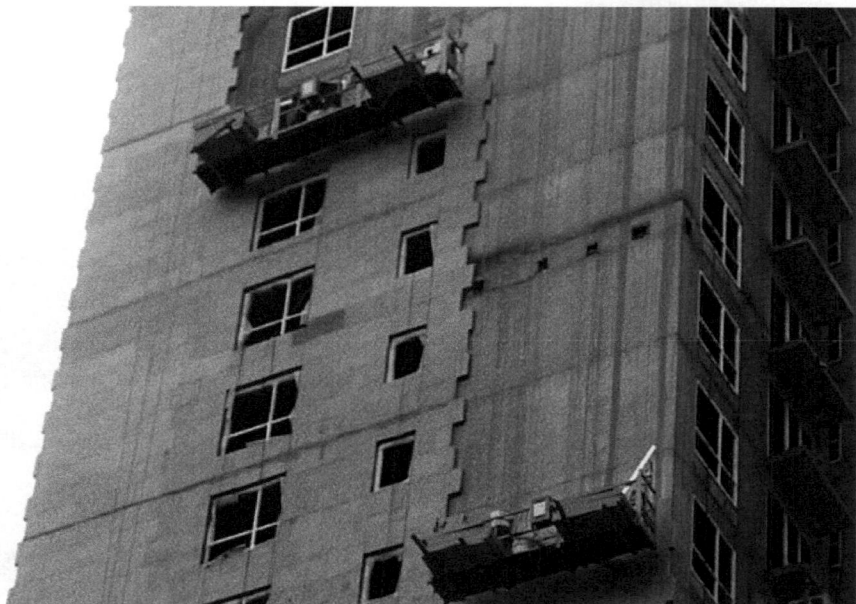

图 3.2-9 外墙保温施工

在施工过程中，确保保温层与墙体之间无缝对接是关键步骤。这要求施工人员具备高度的专业技能和严谨的工作态度，通过精确的测量、细致的切割和严格的施工流程，确保每一块保温材料都能紧密贴合墙体，不留任何缝隙。这样做不仅能显著提升保温效果，减少热量的散失，还能有效防止雨水、潮气等外界因素渗透，进一步保护建筑结构的完整性和耐久性。

此外，外墙保温层的设计与施工还需充分考虑防火、防潮等安全要求。在材料选择上，应优先选用具有良好阻燃性能的保温材料，如岩棉板、玻璃棉等，以确保在火灾发生时能有效阻止火势蔓延，保障人员安全。同时，通过合理的构造设计和施工细节处理，如设置防水透气层、采用防潮密封胶等，可以有效防止墙体内部受潮，保持室内环境的干燥舒适，从而延长建筑的使用寿命。

外墙保温技术是一项集节能、环保、安全于一体的综合性技术。在实施过程中，不仅需要关注保温效果的提升，还需兼顾施工质量、安全性能及建筑美观等多方面的要求。通过科学合理的设计、严格的施工管理和持续的后期维护，外墙保温技术将为现代建筑带来更加绿色、健康、舒适的生活体验。

3. 屋顶保温技术

屋顶作为建筑物与外界环境直接接触的重要界面，不仅是遮风挡雨的屏障，更是热量交换的关键节点，其设计对于建筑的能耗控制及室内环境舒适度有着不可忽视的影响。在追求低碳环保的建筑设计潮流中，屋顶保温技术被赋予了前所未有的重要性。这一技术旨在通过科学有效的手段，减少建筑通过屋顶散失的热量，从而提高能源利用效率，降低整体碳排放。

在材料选择上，屋顶保温层的构造尤为讲究（图3.2-10）。泡沫玻璃与聚氨酯等材料因其卓越的保温性能和环保特性，成为现代低碳建筑中的首选。泡沫玻璃以其轻质、高强、耐腐蚀及良好的热稳定性，能够长期保持优异的保温隔热效果；而聚氨酯则以其闭孔率高、导热系数低的特点，有效隔绝外界冷热侵袭，为建筑内部营造恒定的温度环境。在施工过程中，施工人员需严格遵循操作规程，确保保温层与屋顶结构之间无缝对接，通过精准的测量、细致的铺设及必要的加固措施，保温层与屋顶可以形成一个紧密的整体，最大限度地减少热桥效应，提升整体保温效果。

图 3.2-10 屋顶保温层构造

除材料创新与技术革新外，屋顶绿化作为一种生态友好的保温隔热方式（图3.2-11），正逐渐受到设计师和业主的青睐。屋顶绿化不仅能够有效降低屋顶表面温度，减少夏季的空调能耗，还能在冬季形成一层天然的保温层，减缓室内热量的散失。通过精心挑选的耐旱、耐寒、生长迅速的植物种类，如景天科多肉植物、佛甲草等，结合科学的灌溉与养护管理，屋顶花园不仅能美化环境、净化空气，还能为城市居民提供休闲放松的绿色空间，实现建筑与自然和谐共生的美好愿景。

图 3.2-11　屋顶绿化隔热

此外，随着智能建筑技术的不断发展，屋顶保温系统也开始向智能化方向迈进。通过集成温度传感器、湿度传感器及智能控制系统，可以实时监测屋顶保温层的工作状态，根据外界环境变化自动调节保温层的性能参数，实现精准控温，进一步提升建筑的能源利用效率和居住舒适度。这种智能化屋顶保温技术的应用无疑将为低碳建筑设计开辟新的篇章，推动建筑行业向更加绿色、可持续的方向发展。

4. 门窗保温技术

门窗作为建筑结构的细部构件，在整体保温隔热体系中扮演着至关重要的角色，其往往因面积占比较大且与外界环境直接接触而成为热量流失的主要通道，即建筑保温隔热中的薄弱环节。在当今全球倡导低碳生活、节能减排的大背景下，低碳建筑设计理念日益深入人心，高效节能的门窗系统因此成为提升建筑能效、减少能源消耗的关键一环。

在设计这些先进的门窗系统时，首要考虑的是如何最大限度地减少热量的传导与辐射。为此，双层乃至三层中空玻璃被广泛应用，它们通过在两片或多片玻璃之间形成密封的空气层或填充惰性气体（如氩气），有效降低了玻璃的热传导系数，极大地减缓了室内外温差导致的热量交换。这种设计不仅提高了门窗的保温性能，还在一定程度上改善了室内的声环境，减少了外界噪声的干扰。

与此同时，门窗框架的选材同样不容忽视。传统的金属框架虽坚固耐用，但导热性能强，不利于保温隔热。为此，断桥铝合金等新型材料应运而生。断桥技术通过在铝合金框架中设置隔热条，有效阻断了热量通过金属框架的直接传递路径，显著提升了门窗的整体保温隔热效果。

此外，一些高端项目中还会采用木塑复合材料、硬聚氯乙烯等低导热系数的材料作为框架，进一步增强了门窗的节能性能。

除材料的选择外，门窗的密封性能也是决定其保温隔热效果的关键因素之一。为实现高效密封，设计师会采用高品质的密封胶条，这些胶条不仅具有良好的弹性与耐候性，还能确保门窗关闭后形成紧密的闭合状态，有效阻挡了冷热空气的流通。部分高端门窗系统还会配备多道密封设计，从多个维度提升密封效果，确保室内环境的舒适与节能。

在低碳建筑设计中，高效节能的门窗系统不仅是实现节能减排目标的重要手段，更是提升居住品质、创造宜居环境的关键因素。通过采用双层或三层中空玻璃、断桥铝合金等高性能材料，以及优化密封设计等措施，门窗系统得以在保温隔热方面发挥出卓越的性能，为构建绿色、低碳、可持续的居住环境贡献力量。

5. 智能化控制

随着科技的发展，智能化控制已成为低碳建筑设计中的重要手段。通过智能化控制系统，可以根据室内外环境的变化自动调节建筑的保温隔热性能。

这些先进的系统依托物联网、大数据、人工智能等前沿科技，能够实时感知并综合分析室内外环境的微妙变化，包括但不限于温度、湿度、光照强度、空气质量乃至风向风速等多维度信息。基于这些精准的数据，系统能够智能地决策并执行一系列优化措施，自动调节建筑的保温隔热性能，以达到最佳的能效平衡。

具体而言，当室外阳光明媚且温度适宜时，智能化控制系统会自动调整窗户的开合角度，最大化利用自然光照明，减少室内照明能耗，同时促进室内外空气流通，提升室内空气质量。而在寒冷的冬季或酷热的夏季，系统则会根据室内外温差精确控制门窗的密封性，减少能量损失，同时智能调节空调系统的运行模式。例如，在夜间或室外温度较低时，系统可能会启动新风预热或预冷功能，利用室外低温或高温资源，为室内提供适宜的空气环境，减少空调主机的运行时间，从而实现显著的节能减排效果。

此外，智能化控制系统还具备学习能力，能够根据用户的日常习惯和使用偏好，不断优化调节策略，提供更加个性化、舒适的居住环境。例如，通过分析用户的作息时间和房间使用频率，系统可以预判并提前调整房间的温度、湿度等参数，确保用户在进入房间时享受到最适宜的环境。

更令人瞩目的是，随着 5G、云计算等技术的融入，未来的智能化控制系统将更加高效、智能。它们将能够实现跨设备、跨系统的无缝协同，构建出一个全面互联、智能互动的绿色建筑生态系统。在这个系统中，建筑的每一个部分都将被赋予"智慧"，共同为节能减排、环境保护贡献自己的力量。

3.2.5　遮挡阳光设计技术策略

遮挡阳光设计技术是低碳建筑设计中的重要组成部分，它主要通过合理的建筑布局、遮阳构件的设计及材料选择等手段，减少太阳辐射对室内环境的影响，从而降低建筑的能耗。

1. 建筑布局与朝向

在低碳建筑设计中，建筑的布局和朝向对遮挡阳光效果具有重要影响。设计师应充分考虑当地的气候条件、太阳辐射情况及建筑物的功能需求，合理安排建筑的布局和朝向。例如，在夏季炎热地区，建筑的主立面应尽量避免朝西，以减少下午强烈阳光的直射。同时，可以利用建筑的凹凸、错落等手法，形成自遮挡效果，降低室内温度。

2. 遮阳构件设计

遮阳构件是遮挡阳光设计中的重要组成部分（图 3.2-12），其设计应遵循"合理、有效、美观"的原则。常见的遮阳构件包括遮阳板、遮阳篷、百叶窗等。这些构件的设计应充分考虑其遮阳效果、通风性能及美观性。例如，遮阳板可以采用可调节的设计，根据太阳高度角和季节变化调整其角度，实现最佳的遮阳效果；遮阳篷则可以结合建筑外观进行设计，形成独特的建筑风格。

3. 材料选择与应用

在遮挡阳光设计中，材料的选择也至关重要。设计师应选用具有良好遮阳性能的材料，如反光材料、热反射涂料等，以减少太阳辐射对室内环境的影响。同时，材料的选择还应考虑其环保性能、耐久性及经济性等因素。例如，可以选用热反射涂料涂刷建筑表面，降低太阳辐射的吸收率；也可以选用具有较好隔热性能的玻璃材料，减少太阳辐射对室内空间的热传递。

4. 智能化遮阳系统

随着科技的发展，智能化遮阳系统逐渐成为遮挡阳光设计的重要手段（图 3.2-13）。该系统通过传感器实时监测太阳辐射强度、室内光照度等参数，自动调节遮阳构件的开启程度，实现最佳的遮阳效果。智能化遮阳系统不仅可以提高建筑的遮阳性能，还可以降低建筑的能耗和运行成本。

图 3. 2-12　遮阳构件

图 3. 2-13　智能化遮阳系统

总之，遮挡阳光设计技术是低碳建筑设计中的重要组成部分。通过合理的建筑布局、遮阳构件设计及材料选择等手段，可以有效降低太阳辐射对室内环境的影响，实现建筑的低碳发展。同时，随着科技的不断进步和创新，遮挡阳光设计技术也将不断发展和完善，为建筑行业的可持续发展贡献力量。

3.3 建筑节能技术策略

随着全球能源危机的日益加剧和环保意识的不断提高，建筑节能已成为建筑行业发展的重要方向。建筑节能不仅有助于减少能源消耗，降低碳排放，还能提高建筑使用的舒适性和经济性。因此，研究和应用建筑节能技术具有重要的现实意义和长远价值。本节将从建筑节能设计策略、节能材料应用策略、节能设备选择策略及建筑节能管理策略等方面探讨建筑节能技术策略。

3.3.1 建筑节能设计策略

建筑节能设计作为建筑全生命周期中节能减排的首要环节，其重要性不言而喻。在设计阶段，必须全面考虑建筑的功能需求、规模大小、场地条件等关键因素，以制定出科学合理的节能设计策略。

1. 优化建筑布局

建筑布局的优化作为节能设计领域的一枚关键棋子，其重要性不言而喻。它不仅关乎建筑外观的美学呈现，更是实现绿色建筑、可持续发展目标的核心策略之一。在着手优化建筑布局时，设计师需深入调研，细致分析项目所在地的独特地形、地貌特征，以及当地的气候条件，包括日照时长、风向风速、温湿度变化等自然因素，确保设计方案能够精准对接环境，实现与自然的和谐共生。

首先，针对地形地貌的利用，设计师会巧妙地将建筑融入自然之中，如利用坡地优势，设计层层递进的建筑群落，既减少了土方开挖量，又创造了丰富的视觉层次和良好的通风条件。对于平坦地块，则可能通过合理规划建筑间的间距与排列方式，形成自然的通风廊道，加速空气流通，减少热岛效应，进一步提升居住舒适度。

其次，在气候条件的影响下，建筑布局的优化更显智慧。冬季，为最大化利用太阳能，设计师会精心选择建筑朝向，确保主要生活空间（如客厅、卧室等）能够直面阳光，通过大面积的南向窗户设计，温暖的光线可以穿透室内，自然提升室内温度，减少供暖需求。同时，利用建筑形体的凹凸变化或设置太阳能集热板，进一步捕捉并储存太阳能，为建筑提供清洁能源。

而到了夏季，遮阳设计则成为关键。设计师会运用多种手法，如设置可调节的遮阳百叶、种植攀爬植物形成绿色幕墙，或是采用挑檐、屋顶花园等设计，有效阻挡强烈的太阳直射，减少太阳辐射对室内空间的热影响。这些设计不仅降低了室内温度，减轻了空调系统的负担，还提升了建筑的生态价值，营造出更加宜人的居住和工作环境。

此外，随着科技的进步，智能建筑系统的引入也为建筑布局优化提供了新的可能。通过集成传感器、控制系统和数据分析平台，建筑能够实时监测环境变化，并自动调整遮阳、通风、采光等系统，实现能源的最优配置和使用效率的最大化。这种智能化管理不仅提升了建筑的节能性能，还赋予了建筑更多的灵活性和适应性，更好地满足现代人对舒适、健康、环保生活的追求。

2. 合理设计建筑体型

建筑体型的设计作为建筑创作与规划中的核心要素之一，其对节能的深远影响不容忽视。这一设计理念不仅根植于对美学与功能性的双重追求，更深刻地体现在对能源高效利用与环境保护的考量上。一个精心构思的建筑体型不仅能够以独特而和谐的姿态融入周遭环境，提升视觉美感，更能在实际使用中展现出其节能减排的显著优势。

首先，建筑体型的合理性是减少能源消耗的关键所在。通过精确计算与科学规划，设计师能够巧妙地调整建筑的形态比例与空间布局，以最小化建筑的表面积与体积比。这种设计策略有效地降低了建筑与外界环境之间的热交换面积，减少了因温差而引起的热量损失或吸收，从而在源头上控制了能源消耗。例如，采用流线型或紧凑型的建筑体型，能够在保持内部空间舒适度的同时，显著降低冬季供暖与夏季制冷的能耗需求。

其次，建筑体型的优化还体现在对自然通风的充分利用上。合理的体型设计能够引导风向，促进室内外空气的流通，形成自然通风系统。这不仅有助于调节室内温度与湿度，减少机械通风设备的使用频率，从而降低电能消耗，还能有效改善室内空气质量，为居住者提供更加健康、清新的生活空间。在一些气候适宜的地区甚至可以实现全年的自然通风，极大地提升了居住舒适度与节能环保效益。

此外，随着科技的进步与建筑材料的创新，建筑体型的设计还融入了更多智能化与绿色化的元素。例如，通过智能感应系统控制建筑表皮的开合，根据室内外环境变化自动调节通风与采光，实现能源的最大化利用。同时，采用高性能保温隔热材料，结合先进的构造技术，进一步提升建筑的能源效率与环境适应性。

建筑体型的设计不仅是空间与形态的塑造，更是一场关于能源节约与环境保护的深刻实践。通过不断探索与创新，设计师正努力将建筑体型设计推向一个更加绿色、低碳、高效的新高度，为构建可持续发展的未来社会贡献力量。

3. 节能材料的应用

在建筑材料的选择与运用上，需秉持前瞻性的视角，将低能耗、高效率的节能材料置于首要考虑之列。这不仅是对环境可持续发展的积极响应，也是提升居住与工作环境品质、实现经济效益与生态效益双赢的关键举措。这些精心挑选的节能材料以其卓越的保温隔热性能，为降低建筑整体的能源消耗构筑了坚实的防线。

具体而言，保温材料作为节能建筑的基石，其重要性不言而喻。通过采用高性能的保温材料，如聚苯乙烯泡沫板、岩棉板及真空绝热板等，能够显著减少建筑外墙的热桥效应，有效阻止室内外热量的无序传递。这不仅大幅提升了建筑的保温性能，使冬季室内温暖如春，减少了供暖需求，同时在炎炎夏日，这些保温材料也能有效阻挡外界热量的侵入，维持室内凉爽，降低了空调的使用频率与能耗，真正实现了"冬暖夏凉"的舒适居住环境。

另外，节能玻璃的应用则是建筑节能领域的另一大亮点。现代节能玻璃，如Low-E玻璃、中空玻璃及智能调光玻璃等，通过其独特的物理特性，巧妙地调节着室内外的光线与温度交换。Low-E玻璃能有效减少太阳辐射中的红外线进入室内，同时保持可见光的透过率，既保障了室内充足的自然光线，又避免了过多热量积累导致的室温上升。中空玻璃则利用双层或多层玻璃之间的空气层或惰性气体层，形成一道有效的隔热屏障，进一步提升了窗户的保温隔热性能。而智能调光玻璃则能根据外界光线强弱自动调节透光率，既保障了隐私，又实现了光线的合理利用与能耗的精准控制。

此外，随着科技的进步与材料科学的飞速发展，一系列新型节能材料正逐步走进建筑节能设计的视野。相变材料这类能够吸收并储存大量热量的物质，在温度波动时能够自动吸热或放热，从而稳定室内温度，减少空调与供暖设备的运行时间。智能材料（如形状记忆合金、压电材料等）则能够感知环境变化并做出相应反应，为建筑提供更加智能化的节能解决方案。例如，智能窗帘可根据室内外光照强度自动调节开合程度，既保证了室内采光，又避免了热量损失。

在建筑材料的选择上，应以低能耗、高效率为导向，积极推广与应用各类节能材料。这些材料不仅能够有效降低建筑的能源消耗，提升居住与工作环境的舒适度，还为实现绿色、低碳的可持续发展目标奠定了坚实基础。随着科技的不断进步与材料科学的持续创新，有理由相信未来的建筑节能设计将更加丰富多彩，为人类创造更加美好的生活环境。

3.3.2　节能材料应用策略

在当今日益注重绿色建筑和可持续发展的背景下，节能材料的应用成为提高建筑能效、降低能耗的关键措施之一。本策略旨在详细阐述节能材料在建筑设计与施工中的具体应用方法，以期达到节能降耗、提升建筑整体性能的目的。

1. 外墙保温材料的应用

外墙作为建筑与外部环境的直接界面，其保温性能直接影响建筑的能耗。因此，选用高效保温材料对外墙进行保温处理是节能设计的关键步骤。优质的保温性能能够有效隔绝外界温度波动对室内环境的影响，减少因温差而引起的热量损失或热量侵入，从而显著降低建筑在供暖与制冷方面的能耗。因此，针对外墙进行科学的保温处理成为节能设计中不可或缺的一环。在这一过程中，选择高效、环保的保温材料显得尤为重要。

传统外墙保温材料主要如下。

（1）聚苯乙烯泡沫板。

作为最常见的外墙保温材料之一，聚苯乙烯泡沫板以其良好的保温隔热性能、轻质易加工及相对较低的成本而广受青睐。模塑聚苯板（EPS）多用于民用建筑的墙体保温，而挤塑聚苯板（XPS）则因其更高的抗压强度和更好的防潮性能而在高端建筑和工业厂房中应用较多。

（2）岩棉板。

岩棉是一种无机纤维材料，具有优异的防火性能和一定的保温隔热效果。岩棉板以其不燃性、耐高温、耐腐蚀等特点，在防火要求较高的公共建筑和工业厂房中广泛应用。

（3）玻璃棉制品。

玻璃棉类似于岩棉，也是一种优质的保温隔热材料，但其质地更柔软，更易于施工。其广泛用于建筑物的墙体、屋顶及管道保温，特别是在对声学性能有一定要求的场所。

新型外墙保温材料主要如下。

（1）真空绝热板（VIP）。

VIP 技术采用高效气体绝热层，在微小密闭空间内保持极低的导热系数，实现了前所未有的保温效果。VIP 板虽价格较高，但其卓越的保温性能和超薄厚度使得其在高端建筑及能源敏感型项目中极具竞争力。

（2）气凝胶毡。

气凝胶是目前已知导热系数最低的固体材料之一，以其制成的毡状保温材料具有极低的热传导率和优异的保温性能。其轻质、高透明度和良好的防火性能使其在航天、电子及高端建筑领域展现出巨大潜力。

（3）相变材料（PCM）。

相变材料能够在温度变化时吸收或释放大量热量，通过存储和释放热能来调节室内温度，从而实现节能效果。在外墙保温系统中引入 PCM，不仅能提升保温性能，还能在一定程度上实现被动式调温，提高居住舒适度。

（4）生物基保温材料。

随着可持续发展理念的深入人心，生物基保温材料如植物纤维板、农业废弃物再生保温板等逐渐进入市场。这些材料以可再生资源为原料，生产过程中碳排放低，且具有较好的保温性能和环保性，是未来外墙保温材料发展的重要方向。

外墙保温材料的种类繁多，从传统材料到新型材料的不断涌现，不仅丰富了建筑保温技术的选择，也为推动绿色建筑、实现节能减排目标提供了有力支持。随着科技的进步和环保政策的引导，相信未来会有更多高效、环保、智能的外墙保温材料被研发出来，为建筑行业带来更多可能性。

2. 节能玻璃的选择与应用

新型节能玻璃作为现代建筑领域的创新成果，不仅极大地提升了建筑物的能效表现，还以其多样化的种类和广泛的应用场景，为建筑设计带来了前所未有的灵活性和美观性。

（1）吸热玻璃。

吸热玻璃以其独特的金属离子吸收特性，能够有效减少进入室内的太阳能。这类玻璃分为本体着色和表面镀膜两大类，如茶色、蓝色、浅绿色等，不仅色彩丰富，还能将进入室内的太阳能减少 20%～30%。这种玻璃在炎热的夏季尤为适用，能够显著降低室内温度，减少空调能耗。

（2）热反射玻璃。

热反射玻璃表面镀有一层金属、非金属或其氧化物的薄膜，这些薄膜对太阳能产生强烈的反射效果，反射率可达 20%～40%。这种玻璃不仅能有效阻挡太阳直射，还能在保持室内光线明亮的同时，减少热量传递，提升窗户的隔热性能。

（3）Low-E 玻璃。

Low-E 玻璃是一种对特定波长红外线具有高反射比的镀膜玻璃。它能在冬季反射室内暖气辐射的红外线，减少热量散失；在夏季则反射室外建筑物辐射的红外线，阻止热量进入室内。与普通玻璃相比，Low-E 玻璃的辐射率降低了 30% 以上，是提升建筑保温隔热性能的理想选择。

（4）中空玻璃。

中空玻璃由两片或多片玻璃组合而成，层间形成干燥的气体空间，这种结构极大地降低了玻璃的导热系数，比普通玻璃降低 40% 以上。中空玻璃不仅保温隔热性能优异，还具有良好的隔声效果，是目前国内外应用最广泛的节能玻璃之一。

（5）真空玻璃。

真空玻璃的结构与中空玻璃相似，但其空腔内的气体非常稀少，近乎真空状态，这使得其导热系数较中空玻璃又降低了 15% 以上。然而，由于生产成本较高，因此真空玻璃目前仅在一些对保温隔热性能要求极高的特殊场合应用。

（6）新型复合防火玻璃。

新型复合防火玻璃采用高模数无机中间层材料，具备优异的热稳定性和防火性能。在火灾发生时，其结构设计能迅速响应，形成隔热层，有效隔绝火焰和有害气体的传播，为逃生提供宝贵时间。同时，新型复合防火玻璃还兼具良好的节能效果，是未来节能耐火窗领域的重要发展方向。

新型节能玻璃在窗户中的应用广泛且多样。根据不同的气候条件和建筑需求，设计师可以选择合适的节能玻璃类型进行搭配。例如，在南方炎热地区，吸热玻璃和热反射玻璃是首选，以减少太阳辐射热；而在北方寒冷地区，Low-E 玻璃和中空玻璃则更为适用，以提升保温性能。此外，新型复合防火玻璃在高层建筑、商业综合体等需要高安全性能的建筑中也得到了广泛应用。它不仅提升了窗户的防火等级，还通过其节能特性降低了建筑的运行成本。

总之，新型节能玻璃以其多样化的种类和卓越的节能性能，在窗户设计中发挥着越来越重要的作用。随着科技的不断发展，相信未来会有更多创新型的节能玻璃涌现，为建筑行业带来更多的惊喜和可能。

3. 高效隔热材料的应用

在建筑设计与改造的精细考量中，针对屋顶与地面这两个直接影响建筑能耗与环境舒适度的关键部位，采用先进且高效的隔热材料显得尤为重要。这些材料不仅能够显著提升建筑的能源利用效率，还能有效缓解因温差变化而带来的室内不适，为居住者和使用者创造一个更加节能环保、宜居的生活环境。

首先，建筑屋顶是直接暴露于自然环境之下，承受最大太阳辐射热量的部位。因此，在此处应用反射膜成为一个高效且经济的选择。反射膜以其卓越的反射性能，能够像镜子一样将大部分太阳辐射热直接反射回大气中，从而显著降低屋顶吸收的热量，避免热量进一步传导至室内，有效减轻了空调系统的负担，减少了不必要的能源消耗。同时，反射膜还具备耐候性强、安装简便等优点，为建筑披上了一层保护衣，延长了建筑的使用寿命。

而地面作为室内空间的基底，其隔热性能同样不容忽视。尤其是在炎热地区或顶层公寓，地面隔热直接关系到室内温度的稳定性。在此情况下，隔热涂料的应用显得尤为关键。隔热涂料通过其独特的分子结构，能够同时发挥热反射和热辐射的双重作用。一方面，它能有效反射太阳光中的红外线，减少热量吸收；另一方面，在夜间或阴凉时段，它又能将白天累积的热量以辐射的形式散发出去，从而保持地面温度的相对稳定，减少热量通过地板向室内传递，为居住者创造一个冬暖夏凉的居住环境。

此外，随着科技的不断进步，市场上还涌现出了一系列新型高效隔热材料，如气凝胶隔热材料、相变储能材料等，它们在隔热效果、环保性、耐久性等方面均表现出色，为建筑隔热提供了更多元化的选择。这些材料的应用不仅进一步提升了建筑的节能性能，还促进了绿色建筑理念的普及与发展。

在建筑屋顶、地面等关键部位科学合理地选用高效隔热材料，是构建节能减排、低碳环保型建筑的重要一环。通过反射膜、隔热涂料等先进材料的应用，不仅能有效降低热量的传递，减少能耗，还能为居住者提供更加舒适、健康的居住环境，实现人与自然的和谐共生。

3.3.3　节能设备选择策略

在建筑运行过程中，节能设备的选择不仅是实现绿色建筑目标的关键步骤，更是优化能源消耗、降低运营成本的有效途径。通过选用高效节能的设备，可以显著减少建筑在运行过程中的能源消耗，为可持续发展贡献力量。

1. 高效空调设备

空调系统是建筑能源消耗的主要组成部分之一。因此，在设备选型时，应优先考虑高效节能的空调设备。具体来说，变频空调和多联机空调是两种值得推荐的选择。

（1）变频空调。

变频空调通过调节压缩机的转速来控制制冷（热）量，使室内温度保持在设定值附近，从而避免了传统定频空调在达到设定温度后频繁启停带来的能耗损失。变频空调在节能方面具有显著优势，特别是在长时间运行和负荷变化较大的场合下。

（2）多联机空调。

多联机空调系统采用一台或多台室外机连接多台室内机的方式，通过智能控制系统实现各房间独立控制。该系统具有高效节能、灵活多变的特点，适用于大型建筑或需要独立控制的场合。

2. LED 照明设备

照明设备是建筑日常运行中的另一大能源消耗点。随着 LED 技术的不断发展，LED 照明设备以其高效、节能、环保的特点逐渐取代了传统照明设备。

LED 照明设备具有以下优点。

（1）高效节能。

LED 灯具发光效率高，在相同亮度下，LED 灯的能耗仅为传统白炽灯的十分之一左右。

（2）环保无污染。

LED 灯不含汞等有害物质，对环境友好。同时，LED 灯的使用寿命长，减少了更换频率和废弃物的产生。

（3）调光调色功能。

LED 灯具具有调光调色功能，可以根据不同场合和需求调节亮度和色温，提高照明舒适度。

3. 节能电梯

电梯作为建筑内的重要交通工具，其能源消耗也不可忽视。选用节能型电梯是降低电梯运行能耗的有效途径。

（1）变频电梯。

变频电梯采用变频器控制电动机转速，根据乘客数量和运行距离自动调节运行速度，实现节能运行。变频电梯在启动和停止时更加平稳，减少了能耗和机械磨损。

（2）无机房电梯。

无机房电梯取消了传统电梯的机房设计，将控制柜和驱动装置集成在井道内或轿厢顶部。这种设计减少了建筑空间和投资成本，同时降低了电梯运行过程中的能源消耗。

总之，在建筑运行过程中选用高效节能的设备是实现节能减排目标的重要手段。通过合理选择空调、照明和电梯等关键设备的类型和品牌，可以显著降低建筑能源消耗，提高能源利用效率。

3.3.4 建筑节能管理策略

节能管理是建筑节能的重要保障。通过建立完善的节能管理体系，可以实现对建筑能源消耗的有效控制和管理。

1. 建立能源管理制度

制定能源管理制度，明确能源管理职责和能源使用要求，确保能源使用的合理性和有效性。

2. 加强能源监测

建立能源监测系统，对建筑能源消耗进行实时监测和分析，及时发现和解决能源浪费问题。

3. 推广节能知识

加强对建筑使用者的节能知识宣传和培训，提高建筑使用者的节能意识和节能能力。

建筑节能技术策略是降低建筑能源消耗、提高建筑使用舒适性和经济性的重要手段。通过采取合理的建筑节能设计策略、节能材料应用策略、节能设备选择策略及节能管理策略，可以实现建筑节能降碳的目标，促进建筑行业的可持续发展。

3.4 低碳建材应用策略

低碳建材作为实现建筑行业低碳化的关键要素，其应用策略的制定与实施对于推动整个行业的可持续发展具有重要意义。

3.4.1 低碳建材应用的核心原则

随着全球气候变化和环境问题的日益凸显，建筑行业作为资源消耗和碳排放的主要领域之一，其低碳转型显得尤为迫切。低碳建材作为实现建筑低碳化的关键要素，其应用策略的制定和实施对于推动建筑行业的可持续发展具有重要意义。以下是低碳建材应用策略的核心原则分析。

1. 环境友好性原则

环境友好性是低碳建材应用的首要原则。这一原则要求在选择建材时，充分考虑其对自然环境的影响，优先选择具有低能耗、低排放、可循环再生等特性的建材。具体而言，应优先采用那些在生产过程中能耗低、污染小的建材，以及在使用过程中能够减少温室气体排放、降低能耗的建材。同时，可循环再生建材的应用也是实现环境友好性的重要途径，通过回收再利用建筑废弃物，降低资源消耗和环境污染。

2. 经济性原则

经济性是低碳建材应用策略的又一重要原则。在保障建筑质量和性能的前提下降低建材的采购成本和使用成本，提高经济效益，是实现建筑行业可持续发展的必要条件。为实现经济性原则，应加强对建材市场的调研和分析，了解各种建材的价格、性能和质量等信息，以便选择性价比高的建材。同时，还应注重优化建筑设计和施工方案，减少不必要的材料浪费和能源消耗，提高建筑的整体经济效益。

3. 技术创新性原则

技术创新性是推动低碳建材应用策略不断发展的重要动力。鼓励采用新技术、新工艺和新材料，提高建材的低碳性能和应用水平，是实现建筑行业低碳转型的关键所在。为实现技术创新性原则，应加强对新技术、新工艺和新材料的研发和推广力度，鼓励企业加大技术创新投入，提高自主创新能力。同时，还应加强产学研合作，推动技术创新成果的转化和应用，为建筑行业的低碳转型提供有力支撑。

总之，低碳建材应用策略的核心原则包括环境友好性、经济性和技术创新性。这些原则相互关联、相互促进，共同构成了推动建筑行业低碳转型的重要基础。在未来的发展中，应进一步加强对这些原则的研究和应用，推动建筑行业的可持续发展。

3.4.2 低碳建材应用的具体措施

在推动建筑行业绿色发展的进程中，低碳建材的应用是至关重要的一环。为实现建筑行业碳排放的降低和能效的提升，需要采取一系列具体的低碳建材应用策略。以下是这些策略的具体措施。

1. 推广使用绿色低碳建材

新型绿色建材的种类繁多，它们在环保、节能、可持续发展等方面展现出了显著的优势，正逐渐成为建筑行业的主流选择。

2. 优化建材使用结构

精妙地优化建筑设计，并巧妙地减少高能耗建材的使用量，已成为提升建筑整体能效、促进节能减排的核心策略。这一过程不仅关乎技术创新与材料科学的进步，更是对人与自然和谐共生理念的深刻践行。

在设计初期，建筑师需深入调研，全面把握建筑的功能定位，无论是商业综合体、住宅楼群，还是公共设施，每一种建筑类型都有其独特的使用模式与空间需求。在此基础上，结合项目所在地的气候条件、地形地貌、日照方向等环境特点，进行定制化设计，确保建筑形态既能最大化利用自然资源，如自然光、通风等，又能有效抵御不利环境因素，如严寒、酷暑。

在建材的选择上，则是一场精心策划的"绿色革命"。设计团队需广泛搜集市场信息，深入了解各类建材的性能指标，包括但不限于保温隔热性、耐久性、可再生性及生产过程中的能耗与排放。通过科学评估与对比，优先选用那些低能耗、高性能的建材产品，如太阳能光伏板用于屋顶发电、相变材料墙体用于调节室内温度，以及使用回收材料制成的地板和家具等。这些选择不仅有助于减少建筑运行过程中的能源消耗，还从源头上降低了对自然资源的依赖与环境的破坏。

此外，建筑设计的优化还体现在细节之处。例如，通过合理的窗墙比设计，既能保证室内采光充足，又能有效防止热量流失；利用绿化屋顶和垂直花园，不仅美化环境，还能提升建筑的保温隔热性能；采用智能化管理系统，实现对建筑内照明、空调、电梯等设备的精准控制，避免能源的无谓浪费。

随着科技的进步与人们环保意识的增强，对建材性能的评估与研究也在不断深化。科研机构与企业合作，共同探索新型建材的开发与应用，如气凝胶绝热材料、透明隔热玻璃等，这些创新材料以其卓越的性能，为建筑能效的提升开辟了新途径。

总之，通过全方位、多层次的优化设计，减少对高能耗建材的依赖，是提升建筑整体能效、推动绿色建筑发展的关键所在。这不仅是对当前环境问题的积极应对，更是对未来可持续发展模式的积极探索与实践。

3. 加强建材回收利用

建立完善的建材回收体系，旨在从源头上减少建筑垃圾的产生，提高资源利用效率，为地球减负，为未来筑梦。在建筑施工的每一个阶段，都应将垃圾分类与收集视为一项核心任务来抓。

项目初期就应制订详尽的垃圾分类计划，明确各类建材的可回收性与处理方式。施工过程中，通过设立醒目的分类标识和便捷的回收站点，引导工人们积极参与，确保木材、金属、塑料、玻璃等可回收建材得到有效分离，避免混杂丢弃造成的资源浪费。同时，采用智能化管理系统，对分类情况进行实时监控与数据分析，以便及时调整优化策略，确保分类工作的高效执行。

为激发建材回收行业的活力，政府与企业应携手合作，出台一系列鼓励和支持政策。例如，为建材回收企业提供税收优惠、资金补贴和技术指导，帮助企业引进先进的回收设备和技术，提升回收效率与质量。

此外，还可以通过建立回收激励机制，如设置回收奖励基金，对积极参与回收、贡献突出的单位和个人给予表彰和奖励，形成全社会共同参与的良好氛围。在提升回收技术水平方面，应加大科研投入，鼓励技术创新。通过研发更高效的建材分拣技术、更环保的再生材料生产技术，以及探索建材全生命周期管理的新模式，不断突破技术瓶颈，推动建材回收行业向更高层次发展。

同时，加强与国际先进水平的交流与合作，引进吸收国外成功经验，结合我国实际情况进行本土化创新，打造具有中国特色的建材回收体系。对于废弃建材的再利用研究，更需发挥创造力与想象力。通过深入研究废弃建材的物理、化学性质及其潜在应用价值，可以将其转化为新型建筑材料或建筑构件的原材料。例如，废旧混凝土可以经过破碎、筛分、清洗等工艺处理后，作为再生骨料用于生产再生混凝土；废旧木材可以经过加工处理，制成木塑复合材料或生物质燃料等。

此外，还可以探索废弃建材在园林景观、道路铺设、隔声隔热等领域的新应用，不断拓展其使用边界，实现资源的最大化利用。

建立完善的建材回收体系是一项系统工程，需要政府、企业、科研机构及社会各界的共同努力。通过加强建筑垃圾的分类与收集、支持建材回收企业的发展、提升回收技术水平、加强废弃建材的再利用研究等措施，一定能够有效降低建筑垃圾的产生量，推动建筑行业的绿色转型与可持续发展。

4. 推广预制装配式建筑

预制装配式建筑技术是一种快速、节能、环保的建造方式，在低碳施工方面具有独特的优势。通过采用预制装配式建筑技术，可以减少现场湿作业和材料浪费，提高施工效率和质量。在预制装配式建筑的设计和生产过程中，应充分考虑建材的环保性能和能效要求，选择适宜的建材类型和规格。同时，应加强对预制装配式建筑技术的研发和推广，提高其应用的广泛性和普及率。

（1）高效施工，减少现场湿作业。

传统建筑施工方式中，大量的湿作业不仅耗时费力，还容易引发环境污染和资源浪费。而预制装配式建筑则通过工厂化生产预制构件，如墙体、楼板、楼梯等，这些构件在工厂内完成加工、养护，再运输至现场进行组装。这一过程极大地减少了现场湿作业量，缩短了施工周期，降低了施工噪声和粉尘污染，为城市环境保护贡献了重要力量。

（2）精准控制，减少材料浪费。

在预制装配式建筑的生产过程中，通过精细化的设计和严格的工艺控制，可以确保每一个构件的尺寸精确、质量可靠。这种精准控制不仅提高了建筑的整体质量，还有效减少了因尺寸不符或质量问题导致的材料浪费。同时，工厂化生产使得材料的利用率大大提高，进一步降低了建筑成本。

（3）环保建材，提升建筑能效。

预制装配式建筑的设计和生产过程中，环保性能和能效要求被置于重要位置。设计师会根据项目的实际需求，选择符合环保标准的建材类型和规格，如使用再生材料、低能耗材料及高性能的保温隔热材料等。这些环保建材的应用不仅降低了建筑在运营过程中的能耗，还提升了居住者的舒适度和健康水平。

（4）研发创新，推动技术进步。

为不断提升预制装配式建筑技术的性能和品质，加强技术研发和创新显得尤为重要。政府、企业和科研机构应携手合作，加大对预制装配式建筑技术的研发投入，推动关键技术和核心装备的突破。同时，通过举办技术交流会、培训班等活动，提高行业从业人员的技术水平和创新能力，为预制装配式建筑的广泛应用奠定坚实基础。

（5）政策支持，促进市场普及。

政府应出台一系列政策措施，支持预制装配式建筑技术的研发和推广。例如，提供税收优惠、财政补贴等激励措施，鼓励企业采用预制装配式建筑技术；制定相关标准和规范，引导行业健康发展；加强宣传引导，提高公众对预制装配式建筑技术的认知度和接受度。这些政策措施的实施将有力推动预制装配式建筑技术的市场普及和应用范围的扩大。

推广预制装配式建筑不仅是实现建筑业绿色转型的重要途径，更是应对全球气候变化、构建可持续人居环境的必然选择。随着技术的不断进步和政策的持续支持，预制装配式建筑技术必将迎来更加广阔的发展前景。

3.4.3 免蒸发泡水泥砌块的应用

免蒸发泡水泥砌块是一种创新的节能环保墙体建筑材料（图 3.4-1），其外观质量、内部气孔结构和使用性能与蒸压加气混凝土块体相媲美。这种材料通过特殊工艺处理，无须传统蒸汽养护即可达到理想的物理性能，具有质量轻、抗压抗震性能好、不开裂、使用寿命长的特点。在实际应用中，免蒸发泡水泥砌块不仅减轻了建筑自重，提高了建筑物的抗震能力，还显著降低了建筑能耗，为绿色建筑的发展贡献了一份力量。

外观质量方面，免蒸发泡水泥砌块采用了高精度模具成型技术，确保了砌块表面的平整度与尺寸精确度，有效避免了传统材料常见的开裂、变形等问题。其表面质感细腻，色泽均匀，不仅提升了建筑的整体美观度，也为后续施工中的粉刷、贴砖等装饰作业提供了良好的基面条件。

图 3.4-1　免蒸发泡水泥砌块

内部气孔结构是免蒸发泡水泥砌块的核心优势之一，其通过科学配比与特殊工艺控制，形成了均匀分布、孔径适宜的封闭气孔体系。这种结构不仅赋予了砌块优异的保温隔热性能，有效降低了建筑能耗，还显著提高了材料的隔声效果，为居住者营造了一个更加宁静舒适的室内环境。同时，良好的气孔结构还增强了砌块的抗渗性，有效防止了水分渗透，延长了建筑的使用寿命。

使用性能方面，免蒸发泡水泥砌块展现出了极高的强度和稳定性。其抗压强度、抗折强度等力学性能指标均达到或超过国家相关标准，能够满足不同建筑结构的承载要求。此外，该材料还具有良好的可加工性和施工便利性，可轻松实现切割、钻孔等加工操作，且施工过程中无须特殊设备，大大降低了施工难度和成本。

免蒸发泡水泥砌块以其卓越的外观质量、精细的内部气孔结构及优异的使用性能成为替代传统蒸汽加气混凝土块体的理想选择。它不仅符合当前建筑行业对节能环保、高效利用资源的需求，也为推动绿色建筑的发展贡献了重要力量。随着技术的不断进步和市场的日益成熟，免蒸发泡水泥砌块的应用前景将更加广阔。

3.4.4　水泥泡沫外保温复合板的应用

水泥泡沫外保温复合板作为一种集现代建筑材料科技与节能环保理念于一体的创新产品，实现了装饰与保温功能的卓越融合，引领了建筑行业绿色发展的新风尚。该复合板以高强度水泥为基材，通过先进工艺与轻质、高闭孔率的泡沫材料（如 EPS 或 XPS）复合而成，不仅保留了水泥材料的坚固耐用特性，还显著提升了墙体的保温隔热性能，为建筑提供了全方位的能效保护。

在专业领域内，水泥泡沫外保温复合板展现了其多方面的优越性，具体如下。

1. 高效保温

内置的泡沫层作为高效的热绝缘体，能有效阻止室内外热量的交换，大幅降低建筑能耗，特别是在寒冷地区，能有效减少冬季供暖及炎热地区夏季制冷所需的能源消耗，助力节能减排。

2. 轻质高强

相比于传统保温材料，该复合板在保证足够强度的同时，大幅度减轻了建筑墙体的质量，减轻了建筑结构的承载负担，提高了建筑的安全性和施工效率。

3. 耐久抗老化

外层水泥层不仅赋予板材优异的耐候性和防水性，还能有效抵抗紫外线辐射及环境侵蚀，延长建筑外立面的使用寿命，减少维护成本。

4. 装饰一体化

通过预制加工，可在生产阶段将不同颜色、纹理或图案直接融入板材表面，实现保温与装饰的一体化设计，简化施工流程，提升建筑美观度，满足个性化定制需求。

5. 环保健康

所采用的材料多为环保型，生产过程中低污染，使用过程中无有害物质释放，符合绿色建筑及可持续发展的要求，为居住者创造更加健康的生活环境。

3.4.5 轻质水泥泡沫隔墙板的应用

轻质水泥泡沫隔墙板以水泥泡沫为芯材，具有出色的隔声、防火性能，是新型隔断墙体建筑材料的代表。这种材料广泛应用于建筑内外墙、屋面、围墙等隔断工程，不仅加速了施工进度，还有效节约了成本，增加了建筑的使用面积。轻质水泥泡沫隔墙板以其轻质高强、易于加工安装的特点，满足了现代建筑对空间利用和功能分区的多样化需求。其不仅展现了卓越的轻质化设计理念，更在隔声与防火性能上树立了行业新标杆，成为新型隔断墙体材料的典范之作。

1. 隔声性能卓越

轻质水泥泡沫隔墙板采用先进的生产工艺，通过精密控制水泥与泡沫的比例和结构，形成了独特的闭孔泡沫结构。这一特性有效阻断了声音的传播路径，实现了卓越的隔声效果。在住宅、办公空间、酒店及医院等对环境噪声有严格要求的场所中，轻质水泥泡沫隔墙板能够显著降低噪声干扰，营造更加宁静舒适的室内环境，满足现代建筑对高品质生活与工作环境的需求。

2. 防火安全

鉴于建筑材料防火性能的重要性，轻质水泥泡沫隔墙板在研发之初便将防火安全置于首位。其芯材中的水泥成分赋予了板材优异的耐火性能，即便在火灾条件下，也能有效延缓火势蔓延，为人员疏散和消防救援争取宝贵时间。同时，该材料燃烧时不会产生有毒有害气体，进一步保障了人员安全，符合现代建筑对消防安全的高标准要求。

3. 轻质高强，施工便捷

轻质水泥泡沫隔墙板以其轻质高强的特性，显著减轻了建筑结构的自重负担，降低了地基处理成本，同时也便于运输与安装。施工过程中无须湿作业，可采用干法施工，大大缩短了施工周期，减少了现场湿作业带来的环境污染，提高了施工效率与整体工程质量。此外，该板材尺寸规格多样，可根据设计需求灵活切割拼接，满足各种复杂空间布局的需求。

4. 绿色环保，可持续发展

在倡导绿色建筑的今天，轻质水泥泡沫隔墙板以其环保特性脱颖而出。其生产原料多为工业废弃物或可再生资源，通过科学配比与先进工艺处理，实现了资源的循环利用，减少了对自然资源的依赖与开采。同时，在使用过程中，该材料无毒无害，不会对室内空气质量造成负面影响，符合绿色建筑与可持续发展的理念。

3.4.6 泡沫水泥防火门芯板的应用

泡沫水泥防火门芯板作为一种革新性的防火建筑材料，其卓越的多功能性在当今消防安全与绿色建筑领域中占据了举足轻重的地位。该材料通过精密的配比设计与先进的生产工艺，完美融合了防火、隔热、防水、环保及轻质化等多重优势，为现代建筑的安全防护与能效提升提供了强有力的支撑。

1. 防火性能卓越

泡沫水泥防火门芯板的核心优势在于其卓越的防火性能。该材料采用特殊配方的无机硅酸盐材料作为基体，内部形成稳定的闭孔结构，有效阻断了火焰与热量的快速传播路径。在遭遇火灾时，它能够长时间保持结构完整性，不仅能延缓火势蔓延，还能为人员疏散及消防救援争取宝贵时间，完全符合甚至超越国内外多项防火安全标准。

2. 高效隔热，节能减耗

除防火特性外，泡沫水泥防火门芯板还具备出色的隔热性能。其低导热系数的特性使得热量传递受到显著抑制，有效降低了室内外温差引起的能量损耗，对于提升建筑整体的能效水平具有重要意义。在倡导节能减排的当下，这一特性无疑为绿色建筑的发展注入了新的活力。

3. 防水防潮，增强耐久性

考虑到建筑环境的复杂多变，泡沫水泥防火门芯板特别注重防水防潮性能的设计。其独特的闭孔结构及表面处理工艺确保了材料即使在潮湿环境下也能保持稳定的物理性能和结构强度，有效防止了因水分侵入而导致的材料降解或性能下降，从而延长了产品的使用寿命。

4. 绿色环保，健康居住

环保是当代建筑不可忽视的重要议题。泡沫水泥防火门芯板在生产过程中严格控制有害物质的使用，成品无毒无害，不释放有害气体，符合国家及国际环保标准。其可回收再利用的特性更是彰显了其在循环经济中的积极作用，为构建绿色、健康、可持续的居住环境贡献了力量。

5. 轻质高强，施工便捷

泡沫水泥防火门芯板以其轻质高强的特点，大大减轻了门体的整体质量，便于运输与安装，同时也减轻了建筑结构的负担。在施工过程中，泡沫水泥防火门芯板无须复杂的工艺和设备，降低了施工难度和成本，提高了施工效率，是现代建筑项目中理想的防火门芯板材料选择。

3.4.7 太空板的应用

太空板作为一种集创新设计与环保理念于一体的建筑材料，其独特的构造体系彰显了现代建筑科技的卓越成就。该板材巧妙融合了钢框架的坚固性、钢筋桁架的高强度支撑性能，以及泡沫水泥芯材的轻质隔热优势，再辅以上下两层优质水泥面层形成的稳固保护，共同构筑了一种既符合可持续发展要求，又具备卓越物理性能的新型建材。

在结构设计上，太空板充分利用了钢材的高强度特性，通过精密的钢框架设计，确保了板材整体结构的稳定性和承重能力，使其能够适用于多种复杂建筑环境。同时，内置的钢筋桁架作为增强构件，不仅进一步提升了板材的刚度和抗弯性能，还有效分散了荷载，延长了使用寿命。

太空板的核心材料——泡沫水泥芯材，是一种经过特殊工艺处理的高性能复合材料。该材料不仅具有极佳的保温隔热性能，有效减少建筑能耗，还具备优良的隔声效果，为居住者营造了一个宁静舒适的室内环境。此外，泡沫水泥芯材的轻质特性也大大减轻了整体建筑的自重，有利于降低基础施工成本，提高建设效率。上下两层的水泥面层则采用了高品质的水泥砂浆制成，经过精细施工后，形成了光滑平整、坚固耐用的表面，不仅增强了板材的防水防潮能力，还提升了建筑的美观度和耐久性。这种复合结构设计，使得太空板在保持优良物理性能的同时，也兼顾了环保节能的要求，成为现代绿色建筑领域中的一颗璀璨明星。

太空板以其独特的构造体系、卓越的物理性能及显著的环保效益，正逐步成为推动建筑行业绿色转型的重要力量。在未来的发展中，太空板有望广泛应用于住宅、公共建筑、工业厂房等多个领域，为构建更加美好、可持续的居住环境贡献力量。

3.4.8 生态砖的应用

生态砖（图 3.4-2）作为当代绿色建材领域的杰出代表，其设计理念深植于可持续发展与环境保护的核心理念之中。该类砖材巧妙融合了自然资源的高效利用与现代建筑技术的创新，通过将竹木纤维、农作物秸秆等可再生、生物降解的有机材料与水泥进行科学配比与先进工艺处理，成功打造出一系列环保性能卓越的建筑构件。

图 3.4-2 生态砖

在生产过程中，生态砖显著降低了对自然资源的依赖，有效减少了化石燃料的消耗及温室气体（尤其是二氧化碳）的排放，积极响应了全球节能减排的号召。这种生产模式的转变，不仅减轻了环境压力，也为建筑行业向低碳经济转型树立了典范。

从材料性能角度来看，生态砖展现出了轻质高强、保温隔热、吸音降噪等多重优势。其轻质特性减轻了建筑结构的自重，降低了基础建设的成本；而卓越的保温隔热性能则有助于维持室内温度的稳定性，减少能源消耗，提升居住舒适度。此外，良好的吸音效果还能有效隔绝外界噪声，营造静谧的生活空间。

生态砖广泛应用于住宅、公共建筑、园林景观等多个领域，为实现人与自然的和谐共生提供了坚实的物质基础。生态砖作为绿色建材的典范，不仅体现了对自然资源的尊重与保护，也展现了建筑行业在技术创新与可持续发展道路上的坚定步伐。随着社会对环保意识的不断提升和建筑技术的持续进步，生态砖的应用前景将更加广阔，为构建绿色、低碳、循环发展的社会贡献重要力量。

3.4.9 太阳能板的应用

太阳能板作为一种前沿的绿色建筑材料，正逐步引领建筑行业迈向可持续发展的新纪元。它们不仅革新了能源利用的方式，更以其独特的环保属性，在推动全球节能减排、促进能源结构转型中扮演着举足轻重的角色。

这些先进构件的核心功能在于高效捕获并转化自然界的太阳能资源。通过光电效应这一物理过程的精妙运用，太阳能板能够将普照大地的阳光直接转换为电能，这一过程无须燃料燃烧，因此从源头上杜绝了有害气体的排放和温室气体的增加，为建筑物乃至整个社区提供了清洁、无污染且可持续的能源供应。

太阳能板的设计往往兼顾美观与实用，其多样化的外观与材质选择使其能够无缝融入各种建筑风格之中，无论是现代简约还是古典雅致，都能找到与之相匹配的太阳能解决方案。这种与建筑一体化的设计理念不仅提升了建筑的整体美感，还减少了额外的安装空间和成本，进一步促进了其在全球范围内的广泛应用。

此外，太阳能板作为建筑材料的一部分，还具备提升建筑能效的潜力。通过结合智能建筑管理系统，太阳能板能够根据建筑的实际能耗需求，智能调节电能的产生与存储，有效减少对传统电网的依赖，提升建筑的自给自足能力。在极端天气或电网故障时，这些储存的电能还能作为应急电源，保障建筑内部的基本用电需求，增强了建筑的韧性和安全性。

3.4.10 再生建筑材料的应用

再生建筑材料作为现代环保理念的生动实践，正逐步成为建筑领域的一股绿色新风尚。这些材料巧妙地将原本被视为环境负担的废弃物资源（如废旧玻璃、废旧塑料、废旧金属乃至再生木材等）通过一系列复杂而精细的先进处理技术与工艺，赋予了它们第二次生命。这些处理过程包括但不限于高温熔融、化学改性、物理破碎重组及生物降解等多种手段，旨在最大限度地保留并提升材料的物理性能，确保其在重新应用于建筑时，能够展现出与原生材料相媲美的强度、耐久性、美观度及功能性。

再生建筑材料的应用无疑是对传统建筑材料的一次深刻革新。它们不仅在性能上满足了现代建筑对材料质量的高标准要求，更在环保层面实现了质的飞跃。再生建筑材料的应用还促进了相关产业链的延伸和升级。从废弃物的收集、分类、处理到再生材料的研发、生产、销售，每一个环节都蕴含着巨大的商业潜力和社会价值。这不仅为环保企业提供了广阔的发展空间，也为传统建材行业转型升级提供了新的思路和路径。

3.4.11　低碳混凝土材料的应用

1. 高掺量矿物掺合料

通过增加矿物掺合料（如粉煤灰、矿渣粉等）的掺量，有效减少水泥用量，从而降低碳排放。这些掺合料不仅能改善混凝土性能，还能利用工业废弃物，实现资源再利用。

矿物掺合料的优势分析如下。

（1）碳减排效果显著。

水泥生产过程中会排放大量的二氧化碳，而粉煤灰、矿渣粉等矿物掺合料作为水泥的部分替代品，其生产往往伴随着工业过程的副产品回收，因此其使用本身即是对既有资源的再利用，减少了原材料开采和加工过程中的碳排放。同时，高掺量矿物掺合料的应用直接降低了水泥需求，从而从根本上减少了温室气体的排放。

（2）优化混凝土性能。

这些矿物掺合料不仅具有填充效应，还能与水泥水化产物发生二次反应，生成更加致密、稳定的微观结构。这一特性显著改善了混凝土的工作性、强度、耐久性及抗裂性能，延长了建筑物的使用寿命，间接减少了因维修和重建而产生的资源消耗与碳排放。

（3）促进资源循环利用。

粉煤灰主要来源于燃煤电厂的废弃物，矿渣粉则是钢铁冶炼过程中的副产品。高掺量利用这些工业废弃物，不仅减轻了环境压力，还促进了废弃物资源化利用，构建了循环经济模式，符合可持续发展理念。

2. 低碳水泥

研发和应用低碳排放的水泥品种，如通过改变水泥熟料的生产工艺或使用替代原料来降低生产过程中的碳排放。

低碳水泥的研发，核心在于对传统水泥生产工艺的深刻反思与革新。传统水泥熟料的生产过程中，高温煅烧是不可或缺的一环，但也是碳排放的主要来源之一。为此，科研人员致力于开发新型生产工艺，如采用低温预煅烧技术、优化窑炉结构和提高热效率等，这些技术能显著降低煅烧过程中的能源消耗和二氧化碳排放。同时，积极探索使用各种替代原料，如工业废弃物、城市垃圾焚烧灰渣以及天然矿物等，这些原料的合理利用不仅能有效减少对传统石灰石资源的依赖，还能通过其内含的化学物质在水泥生产中的反应，进一步降低碳排放量。

值得注意的是，低碳水泥的研发和应用不仅是技术层面的突破，更是全社会共同参与的环境保护行动。随着科技的进步和人们环保意识的提升，相信在不久的将来，低碳水泥将成为建筑行业的主流选择，为地球的可持续发展贡献重要力量。

此外，未来的低碳水泥研发还可能朝着更加智能化、模块化的方向发展。例如，通过大数据分析和人工智能技术，实现对水泥生产过程的精准控制，进一步降低能耗和排放。同时，开发模块化的水泥生产系统，便于根据不同地区的资源条件和市场需求进行灵活调整，促进低碳水泥在全球范围内的普及和应用。

3. 工业废弃物利用

将废弃的矿渣、粉煤灰等工业废弃物作为混凝土骨料，既减少了废弃物对环境的污染，又节约了天然资源。

具体而言，矿渣作为冶金工业中高炉炼铁、炼钢等工序产生的固体废弃物，其成分复杂，但富含硅、铝、钙、镁等矿物质，经过适当的破碎、筛分和物理化学处理，能够转化为性能优良的混凝土骨料。这些再生骨料在强度、耐久性等方面往往能满足甚至超越部分天然骨料的性能要求，为建筑材料的绿色转型提供了有力支持。同时，粉煤灰作为燃煤电厂排放的主要固体废物之一，含有丰富的硅酸盐和铝硅酸盐等活性成分，经过适当的技术处理，同样能够作为优质的混凝土掺合料，有效提升混凝土的强度和耐久性，减少水泥用量，进一步降低生产成本和碳排放。

3.4.12　低碳钢结构材料的应用

为实现钢材的最大化利用与减少材料浪费，倡导采用精细化设计方法。通过精细化设计，提高钢材的利用率，减少材料浪费，重点在于以下三点。

（1）精确荷载分析。

运用先进的结构分析软件，对结构进行精确的荷载模拟与计算，确保设计既满足安全要求又避免过度保守，从而减少不必要的材料使用。

（2）拓扑优化与形状优化。

通过拓扑优化技术，在给定设计空间内寻找最优的材料分布方案。同时，利用形状优化技术调整构件截面形状，提高结构效率，进一步减少钢材用量。

（3）模块化与标准化设计。

推广钢结构构件的模块化和标准化设计，不仅能加快施工进度，还能通过批量采购和生产降低生产成本，间接减少碳排放。

1. 高强度钢材

高强度钢材以其优异的力学性能和较轻的自重，成为实现低碳钢结构设计的重要材料选择。采用高强度钢材可以减轻结构质量，降低生产和运输过程中的碳排放。具体措施如下。

（1）选用高等级钢材。

如 Q460、Q550 等高强度钢材。这些材料在同等承载力下所需截面更小，从而显著减轻结构质量，降低基础及运输成本，同时减少材料生产和运输过程中的碳排放。

（2）优化截面设计。

结合高强度钢材的特性，优化截面尺寸和形状，实现更加紧凑的结构设计，提高整体结构的经济性和环保性。

2. 废旧钢材回收

建立完善的废旧钢材回收体系，实现资源的循环利用。

建立完善的废旧钢材回收体系是实现钢结构全生命周期低碳化的重要环节，具体做法如下。

（1）政策法规支持。

推动出台相关政策法规，鼓励和支持废旧钢材的回收与再利用，明确回收责任主体，建立激励机制。

（2）回收网络构建。

构建覆盖广泛、高效运转的废旧钢材回收网络，包括设立回收站点、加强物流体系建设等，确保废旧钢材得到及时、有效的回收。

（3）技术创新与应用。

加大废旧钢材回收处理技术的研发力度，提高回收钢材的质量和利用率，推动其在再生钢材生产、建筑材料等领域的广泛应用。

3.4.13 低碳木结构材料的应用

1. 可持续木材

选择生长速度快、可再生性强的木材种类，确保资源的可持续利用。强调选择生长速度快、可再生性强的木材种类作为建筑材料的基石。这类木材不仅有助于缓解对自然林资源的压力，还能通过科学的森林管理实践，促进生物多样性的保护和生态平衡的恢复。例如，速生杨、桉树等树种因其快速的生长周期和高效的光合作用能力而成为可持续木材资源的优选。通过实施轮伐制度，确保木材采伐量不超过其自然生长量，从而实现资源的可持续利用。

2. 工程木产品

为进一步提升木材在建筑结构中的性能与效率，工程木产品的开发与应用显得尤为重要。胶合木（glulam）与交叉层压木（cross-laminated timber，CLT）作为代表性产品，展现了木材在现代建筑中的无限潜力。胶合木通过将多层顺纹木板沿长度方向胶合并加压而成，不仅保留了木材的天然美感，还显著提高了其结构强度和稳定性，其优异的力学性能使得大跨度、高承载能力的结构设计成为可能，有效减少了建筑材料的使用量，降低了建筑的整体碳足迹。CLT作为一种多层实木板材，通过将薄木板以正交方式层层堆叠并胶合而成，形成了具有卓越结构性能的板材。CLT不仅具有出色的抗弯、抗剪和抗扭曲能力，还因其良好的保温隔热性能和环保特性而成为低碳建筑中的理想选择。它使得建造高层木结构建筑成为可能，同时减少了对水泥、钢材等传统高碳建材的依赖。胶合木和CLT等产品具有更高的强度和耐久性，能减少木材的使用量。

可持续木材与工程木产品的结合应用不仅满足了现代建筑对强度、耐久性和美观性的要求，更在推动绿色建筑、实现碳减排目标方面发挥了积极作用。未来，随着科技的不断进步和环保意识的持续增强，低碳木结构材料将在建筑领域展现出更加广阔的发展前景。

3.4.14 低导热系数保温材料的应用

选择导热系数低的保温材料，提高建筑的保温性能，减少能源消耗。在探讨提升建筑能效与环保性能的道路上，低导热系数保温材料的选择无疑是一条至关重要的途径。这类材料以其卓越的隔热性能，为现代建筑设计注入了新的活力，不仅极大地增强了建筑物的保温效果，还有效地促进了能源的高效利用与节约。

首先需要明确的是，导热系数是衡量材料导热能力的一个重要物理量，它反映了单位温度梯度下，通过单位面积、单位厚度的材料，在单位时间内直接传导的热量。因此，选择导热系数低的保温材料，就意味着这些材料能够更有效地阻挡热量的传递，无论是冬季防止室内热量流失到室外，还是夏季阻挡外界高温侵入室内，都能起到显著作用。

在具体实践中，低导热系数保温材料的应用范围广泛且多样。从传统的聚苯乙烯泡沫板、挤塑聚苯板，到近年来兴起的真空绝热板、气凝胶等高科技材料，每一种都在不同程度上提升了建筑的保温性能。例如，真空绝热板通过其内部微小的真空腔体，几乎消除了气体对热传导的影响，达到了极低的导热系数；而气凝胶这一被誉为"冻结的烟"的材料，以其纳米级别的多孔结构，在极低的密度下展现出惊人的隔热能力。

当这些低导热系数的保温材料被广泛应用于建筑外墙、屋顶及地板等关键部位时，其效果立竿见影。它们如同一件温暖的外衣，紧紧包裹着建筑体，有效减少了因温差变化而引起的热量交换，从而降低了建筑能耗。在寒冷的冬季，室内暖气得以更长时间地保留，减少了供暖设备的运行时间与能耗；而在炎热的夏季，空调制冷效果显著提升，同样达到了节能减排的目的。

此外，低导热系数保温材料的应用还带来了环境上的积极效应。通过减少能源消耗，它们间接降低了化石燃料的消耗和温室气体的排放，为应对全球气候变化贡献了一份力量。同时，随着技术的进步和成本的降低，这些高性能保温材料正逐渐普及，成为未来绿色建筑不可或缺的一部分。

选择导热系数低的保温材料不仅是提高建筑保温性能、减少能源消耗的有效手段，更是推动绿色建筑发展、实现可持续发展的重要途径。在未来的建筑设计与施工中，应更加重视这类材料的应用与研发，共同为创造一个更加节能、环保、舒适的居住环境而努力。

3.4.15　生物基保温材料的应用

使用以生物基为原料的保温材料，降低生产过程中的碳排放。这类材料以可再生生物资源（如农作物残余物、林木废弃物、微生物发酵产物等）为基础，通过先进的生物转化技术或化学改性手段加工而成，旨在显著降低生产过程中的碳排放，促进资源循环利用，实现经济效益与环境效益的双赢。

生物基保温材料的优势如下。

1. 低碳环保

与传统石油基保温材料相比，生物基保温材料从源头减少了对化石资源的依赖，其生产周期中释放的二氧化碳量远低于石油基材料，并可通过光合作用等自然过程实现碳的闭环循环，有效降低温室气体排放，符合全球碳减排目标。

2. 可再生性与可持续性

原材料来源于快速生长或可再生的自然资源，确保了材料供应的稳定性和可持续性，减少了对自然环境的压力，符合循环经济的原则。

3. 生物降解性

部分生物基保温材料在废弃后能够自然降解，减少了对环境的长期污染，解决了传统保温材料难以处理、易产生固体废物的问题。

4. 优异的保温性能

通过科学的配方设计和先进的制造工艺，生物基保温材料能够展现出与传统材料相媲美甚至更优的保温隔热性能，有效提升建筑物的能效，降低能源消耗。

5. 健康安全

生物基材料在生产和使用过程中不含有害物质释放，对人体健康和环境友好，适用于各类居住与公共建筑，特别是关注室内空气质量的高标准建筑项目。

3.4.16 可再生装饰材料的应用

在当今追求可持续发展与绿色建筑的浪潮中，采用可再生、可循环利用的装饰材料已成为推动建筑行业转型升级的重要趋势。这类材料不仅能够有效减少对自然资源的依赖，降低环境污染，还能显著提升建筑项目的生态价值与经济效益。以下是对可再生装饰材料，特别是竹材与再生塑料在专业领域内的深入探讨。

竹材作为一种快速生长、高度可再生的自然资源，正逐渐在建筑装饰领域展现出其独特的魅力与优势。其生长周期短（部分品种仅需数年即可成材），相比传统木材具有更高的碳汇能力，对于缓解全球气候变化具有重要意义。在装饰应用中，竹材可通过高科技处理工艺，实现防腐、防虫、防变形，从而广泛应用于地板、墙面装饰板、家具制造及室内隔断等多个方面。其自然的纹理与色彩为空间增添了温馨而雅致的气息，同时满足了现代人对健康环保生活的追求。

再生塑料作为循环经济的重要组成部分，通过先进的回收、分拣、清洗及加工技术，将原本可能成为环境负担的废旧塑料转化为高质量的装饰材料。这些材料不仅减少了垃圾填埋和焚烧产生的污染，还显著降低了对原生石油资源的依赖。在建筑装饰领域，再生塑料被创造性地应用于多种场景，如地毯、防水卷材、隔声板及各类装饰线条与配件。其多样化的色彩与纹理设计不仅满足了个性化的装饰需求，更体现了对资源循环利用理念的积极践行。

未来，随着科技的不断突破和材料性能的持续优化，可再生装饰材料将在建筑装饰领域发挥更加重要的作用，为实现建筑行业的绿色转型和可持续发展目标贡献力量。

3.4.17 超高性能混凝土的应用

超高性能混凝土（UHPC）材料物理力学性能优异，可应用于装配式结构连接节点、桥面铺装、复杂造型混凝土装饰挂板（图 3.4-3）、超轻预制桥梁、高耐久混凝土结构防护、混凝土结构加固改造、钢-混凝土组合桥面结构等多项工程中。

UHPC 的最大特点是超高强、高韧性和高耐久性，此外还具有收缩小、耐磨性好的优点。其中，力学性能和耐久性尤为突出。适当配筋的 UHPC 力学性能接近钢结构，同时 UHPC 具有优良的耐磨、抗爆性能。因此，UHPC 特别适用于大跨径桥梁、抗爆结构（军事工程、银行金库等）和薄壁结构，在高磨蚀、高腐蚀环境下表现优异。

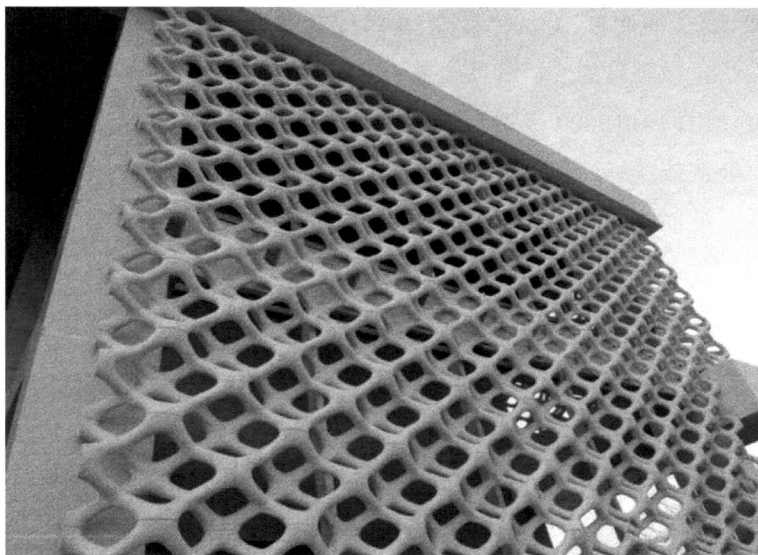

图 3.4-3　UHPC 复杂造型混凝土装饰挂板

UHPC 常温养护下抗压强度不低于 120 MPa，最高可达 400 MPa，具有超高抗弯和抗折强度，抗折强度高达 40 MPa 以上。UHPC 具有非常优异的耐久性能，抗冻融循环可达 1 000 次以上，氯离子扩散系数是高性能混凝土氯离子扩散系数的 1/30，是普通混凝土氯离子扩散系数的 1/55，耐磨性能比高性能混凝土提升 2 倍，比普通混凝土提高 3 倍。同等受力情况下，UHPC 结构自重与钢结构相当，是钢筋混凝土的 1/4 左右。其各方面性能相比于普通混凝土有明显差异，主要表现在：相比于普通混凝土，UHPC 的最大特点是超高强、高韧性和高耐久性，此外还具有收缩小、耐磨性好的优点。

UHPC 对经济和社会的贡献主要有三方面：通过对 UHPC 配合比设计研究，依据最大密实度理论，粗骨料体积掺量达 36.4%，大幅度降低 UHPC 材料成本；通过对粗骨料超高性能混凝土拌和技术研究，进行试验确定骨料和粉料的投放顺序，根据流动性时变规律确定最佳搅拌时间，确保混凝土的拌合质量，确保桥梁湿接缝顺利、快速、便捷化施工，为竣工通车提供了充分保障；通过粗骨料超高性能混凝土原材代换研究，采用价格低廉的石灰岩机制砂完全取代石英砂，进行混凝土原材的优化进而降低 UHPC 的造价。

3.4.18　高强钢筋的应用

在大型公共建筑、超高层建筑中受力大的弯压、受弯构件中，配筋比较大的厚板（包括底板）、灌注桩、锚杆、高层建筑柱及支护桩等中使用 HRB600 级高强钢筋，能够取得比较明显的经济和社会效益。

与常规使用的 HRB400 级钢筋工程相比，HRB600 级高强钢筋工程强度高、安全储备大、经济效益好、环境效益好。同等条件下，使用 HRB600 级高强钢筋的结构用钢量少，配筋密度小，利于混凝土浇筑，施工方便，减少施工运输量、场地占用量及施工工作量，同时节省资源消耗。

HRB600 钢筋对 HRB400 钢筋化学成分做了微调，调整了钢材 C、Si、Mn 元素的含量，利用钒、铌、钛在钢中的沉淀强化作用，细化钢的晶粒、改善金相组织、提高钢材的强度。HRB600 级钢筋产品的直径为 6～50 mm，目前设计和施工中一般均在钢筋直径较大（如大于或等于 25 mm）时采用 HRB600 级钢筋，较小（一般直径在 6～20 mm）时采用 HRB400 级钢筋。

1. 经济效果分析

在相同的设计承载力条件下，与使用 HRB400 级钢筋的构件相比，使用 HRB600 级高强钢筋理论上可节省 28% 的钢筋用量。

2. 环境效果分析

使用 HRB600 级高强钢筋除有显著的经济效益外，社会效益也非常明显。目前，国内较先进的钢厂每吨钢消耗铁矿石 1.6 t，综合能耗 669 kg 标准煤，耗新水 3.84 m^3，粉尘排放量 0.3 kg，二氧化硫排放量 0.25 kg。

3.5 可再生能源应用策略

可再生能源的应用是实现低碳建筑目标的关键手段之一，低碳建造技术和可再生能源应用策略是实现建筑行业可持续发展的关键。通过采用先进的低碳建造技术和策略，可以显著降低建筑的能耗和碳排放，推动建筑行业向更加环保、高效的方向发展。下面将介绍三种常见的可再生能源应用策略，以推动建筑行业向低碳、环保的方向发展。

3.5.1 太阳能利用策略

太阳能作为一种清洁、可再生的能源，其在建筑领域的应用日益受到重视。太阳能在建筑领域的应用已经远远超出了简单的能源替代范畴，它正在深刻地改变着人们的建筑理念、生活方式及能源消费模式。随着技术的不断进步和政策的持续支持，有理由相信，太阳能将在未来的建筑领域中发挥更加重要的作用，引领人们走向一个更加绿色、低碳、可持续的世界。

首先，太阳能光伏系统的应用（图3.5-1）。这些系统通过安装在建筑屋顶或外墙上的光伏板，将太阳光直接转化为电能，为建筑内部提供清洁的电力供应。这不仅能够显著降低建筑的能耗成本，减少对传统化石燃料的依赖，还能有效减轻电网压力，促进能源结构的优化。此外，随着技术的进步，光伏板的设计愈发美观，颜色、形状多样，甚至能够与建筑外观完美融合，成为一道亮丽的风景线。

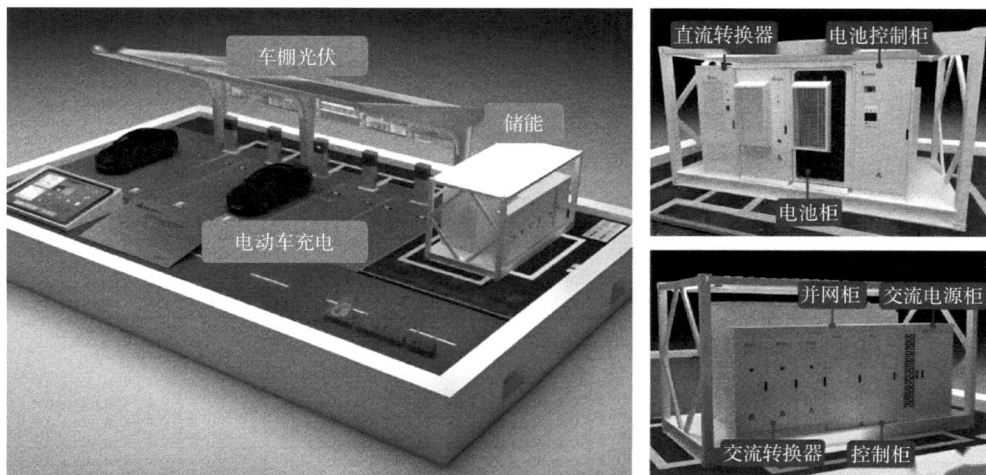

图 3.5-1 车棚光伏

其次，太阳能热水系统（图 3.5-2）也是建筑领域应用广泛的太阳能技术之一。该系统利用集热器收集太阳辐射能，加热水体供建筑内居民使用，如洗澡、洗涤等。这种技术不仅节能环保，还能显著降低家庭或企业的能源开支。在一些高端住宅和商业建筑中，太阳能热水系统已成为标配，展现了人们对高品质生活的追求和对环境保护的责任感。

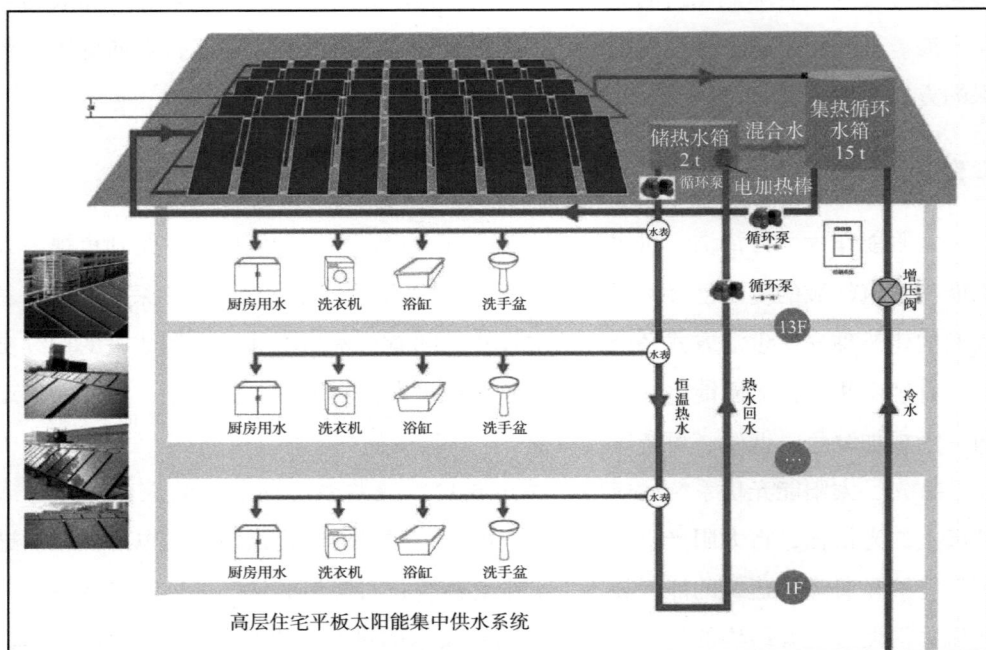

图 3.5-2　太阳能热水系统

最后，太阳能光热发电技术（图 3.5-3）也在建筑领域展现出巨大潜力。虽然这一技术目前更多应用于大型地面电站，但随着技术的不断成熟和成本的降低，未来有望被引入建筑综合体，实现太阳能的综合利用与高效转化。想象一下，未来的摩天大楼不仅自身能够发电供能，还能作为城市能源网络中的重要节点，为周边区域提供电力支持，这样的场景无疑令人振奋。

此外，太阳能的利用还体现在建筑材料的创新上。一些新型建筑材料（如透明太阳能玻璃、太阳能瓦片等）将太阳能收集功能融入建筑材料本身，既保持了建筑的美观和功能性，又实现了能源的高效收集与利用。这些创新材料的应用不仅拓宽了太阳能利用的领域，也为建筑设计提供了更多元化的选择。

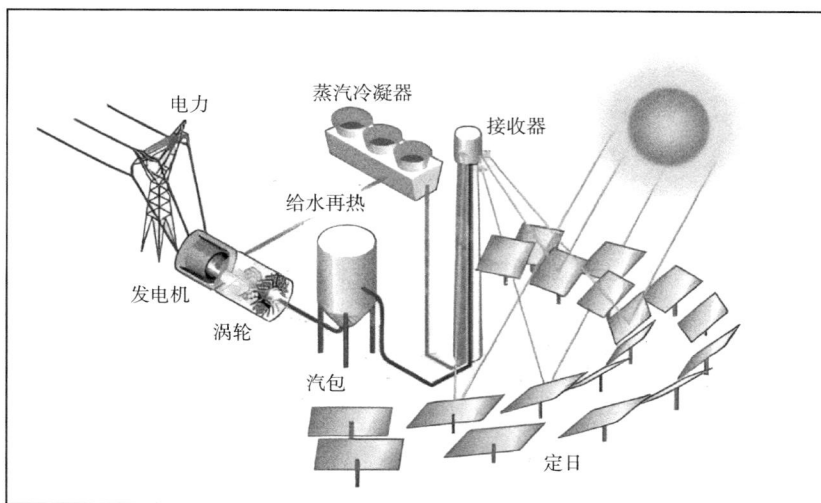

图 3.5-3　太阳能光热发电技术示意图

3.5.2　风能利用策略

风能作为一种清洁、可再生的能源，近年来在建筑领域的应用正以前所未有的速度增长，其重要性日益凸显，成为推动绿色建筑和可持续发展的重要力量。随着全球对环境保护和能源转型的迫切需求，风能不仅在大规模风力发电场中大放异彩，还逐渐渗透到建筑设计的每一个角落，为现代建筑增添了新的活力与智慧。在建筑领域，风能的利用主要包括以下几个方面。

1. 风力发电系统

许多现代建筑设计开始将小型风力涡轮机巧妙地融入屋顶、墙面或建筑周边环境中。这些风力发电系统不仅能够为建筑自身提供部分或全部电力需求，减少对传统电网的依赖，还能通过智能电网系统实现电能的储存与调度，确保能源的高效利用（图 3.5-4）。这些涡轮机经过精心设计，既不影响建筑的美观性，又能有效捕捉风能，成为绿色建筑的重要标志。

这种系统通常适用于风力资源较为丰富的地区，如开阔的平原、海岸线和山顶等。在建筑设计中，风力发电机的安装位置和高度需要经过精心规划，以确保其能够最大限度地捕获风力资源。

在建筑上集成风能发电系统时，需要考虑以下几个关键因素。

（1）风力资源评估。

通过气象数据和现场测试，评估建筑所在地区的风力资源情况，以确定风力发电机的类型和规模。

（2）结构设计。

风力发电机的安装结构需要与建筑本身的结构相协调，以确保其稳定性和安全性。

（3）电网连接。

将风力发电系统产生的电能并入建筑的电力系统中，需要考虑电网连接和电能质量等问题。

（4）维护与管理。

建立完善的维护和管理机制，确保风力发电系统的正常运行和故障处理。

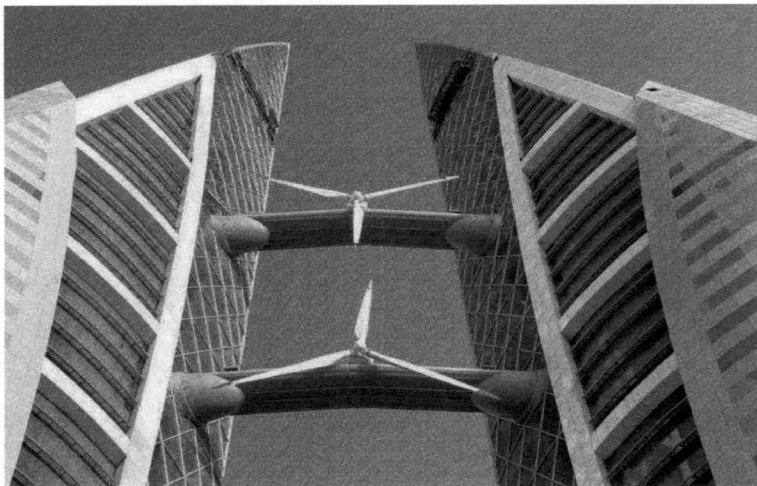

图 3.5-4　风力发电

2. 自然通风系统

利用风压和热压原理设计的自然通风系统，能够在不消耗电力的情况下，通过合理的建筑布局、开口位置及大小、风道设计等，引导室外空气流通，改善室内空气质量，降低空调系统的能耗。特别是在气候适宜的地区，这种被动式的设计策略能够显著提升居住和工作的舒适度，同时减少建筑运行成本。

自然通风系统（图 3.5-5）是一种利用风力实现室内空气流通和排放的策略。通过建筑设计中的窗户、通风口等开口的合理布置，可以有效地利用风力，减少对机械通风设备的依赖，从而降低能耗。

在设计自然通风系统时，需要关注以下几个方面。

（1）开口设计。

根据建筑的功能和气候条件，合理设计窗户、通风口等开口的大小、位置和数量，以确保室内空气的流通和排放。

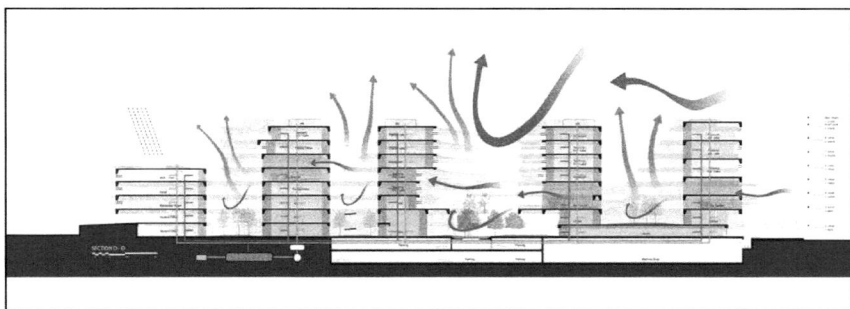

图 3.5-5　自然通风系统

（2）热压和风压效应。

利用热压和风压效应，增强室内外的空气流通效果。例如，在冬季可以利用热空气上升的原理，通过顶部开口排出热空气，同时吸入新鲜空气。

（3）可调节性。

根据室内外气候条件的变化，设计可调节的开口系统，以便在需要时关闭或减小开口，防止能量损失和噪声干扰。

（4）空气质量。

在引入室外空气时，需要考虑空气质量的问题。通过过滤、净化等手段，确保室内空气的清洁和健康。

3. 风能驱动的辅助系统

除直接发电和自然通风外，风能还被应用于驱动一些建筑内部的辅助系统，如风力驱动的照明系统、水循环系统和空气净化装置等。这些系统利用风力作为动力源，实现了能源的自给自足，进一步提升了建筑的自给能力和环保性能。

4. 智能风环境管理系统

随着物联网和大数据技术的发展，智能风环境管理系统应运而生。这类系统能够实时监测建筑内外的风速、风向等气象参数，结合建筑内部的温湿度、人员分布等信息，自动调整建筑的风口开闭、窗帘位置等，以最优化的方式利用风能，创造舒适宜人的室内环境，同时实现能源的最大化节约。

风能在建筑领域的应用已经远远超出了传统的发电范畴，它正以多元化的形式渗透到建筑设计的方方面面，不仅促进了建筑行业的绿色转型，也为人类社会的可持续发展贡献着重要力量。随着技术的不断进步和应用的持续深化，风能在建筑领域的未来无疑将更加广阔和光明。

3.5.3　生物质能利用策略

生物质能作为一种清洁、可再生的能源形式，在建筑领域的应用日益广泛。生物质能主要是指利用植物和动物有机物质，如农业废弃物、林业剩余物等，通过特定的技术手段转化为热能或化学能，从而满足建筑对能源的需求。

在建筑中，生物质能的利用策略多样且高效。一方面，生物质燃烧技术能够将生物质资源直接转化为热能，为建筑提供热水、供暖等服务。这种技术具有操作简便、成本较低的特点，适用于小规模、分散式的能源需求场景。另一方面，生物气化发电技术则是一种将生物质转化为电能的先进手段。通过气化反应，生物质被转化为可燃气体，进而驱动燃气轮机或内燃机发电。这种技术不仅能够实现能源的清洁转化，还能提高能源的利用效率和环境效益。

在建筑领域应用生物质能具有多重意义。首先，生物质能的应用有助于实现能源的可持续利用，减少对传统化石能源的依赖，从而降低能源安全风险。其次，通过生物质能的利用，农业和林业废弃物得以资源化利用，减少了废弃物的排放，有利于环境保护和生态改善。此外，生物质能的应用还能促进农业和林业产业的转型升级，提高资源利用效率和经济效益。

然而，生物质能在建筑领域的应用也面临一些挑战和问题。例如，生物质资源的收集、运输和储存成本较高，需要建立完善的生物质能源供应链；生物质燃烧或气化过程中可能产生一定的污染物排放，需要采取有效的环保措施进行治理；生物质能技术的研发和应用还需要进一步推广和普及，提高社会对生物质能的认识和接受度。

总之，生物质能在建筑领域的应用具有重要的战略意义和广阔的市场前景。未来，需要进一步加强生物质能技术的研发和应用，推动生物质能在建筑领域的广泛应用和可持续发展。

3.5.4　空气源热泵利用策略

热水系统采用太阳能集热器及空气源热泵结合的方式，全天供应热水。热水系统由集热循环系统、辅热循环系统和热水供水系统三部分构成。集热循环系统由太阳能集热器、集热循环泵、蓄热水箱、管路及相关阀门组成；辅热循环系统由空气源热泵、换热循环泵、蓄热水箱、管路及相关阀门组成；热水供水系统由蓄热水箱、热水供水泵、用水点、管路及相关阀门组成。

1. 经济效果分析

经测算，采用配合空气源热泵辅助加热技术使用的太阳能热水器，全年得到热量 169 kW·h/m²，相当于全年可节约电量约 178 kW·h/m²，每年节约电费 107 元/m²，可节约费用 5 350 元/m²。

2. 环境效果分析

经测算，每年可减少排放碳粉尘 97.92 kg/m²。每年可减少二氧化碳排放 359 kg/m²，每年可减少排放二氧化硫 11 kg/m²。

3.5.5　快速周转膜结构光伏装置应用策略

本装置能够通过快速搭建及周转来契合施工临建的用能需求，从而有效降低可再生能源使用的施工成本和时间。该装置由膜结构、支撑结构和柔性光伏组件组成（图 3.5-6）。膜结构具有轻质环保、灵活收展、适用性强等特性，张拉连接于支撑结构，柔性光伏组件与膜结构采用卡槽、子母扣、口袋式收纳等快速连接方式连接于膜结构上表面，方便安拆周转。支撑结构能够根据临建特征进行灵活设计和布置，有效提高空间的利用率，实现功能的多样化。

图 3.5-6　膜结构光伏装置

装置膜材对自然光的透射率达 25%，隔热效果明显，单层膜材的保温效果相当于 190 mm 厚砖墙，对于张拉式、充气式等各类膜结构具有良好的适用性。减少了传统建筑材料和能源的使用，相比于混凝土基础安装、夹具安装等传统光伏安装方式，安装效率可提升 30% 以上。以华东地区为例，根据国家发展改革委最新电网平均碳排放因子 0.703 5 kg/（kW·h）计，每平方米年发电量约 285 kW·h，碳减排约 200 kg。

3.5.6 电化学储能技术应用策略

电化学储能集成系统包括电池模组（PACK）、电池管理系统（BMS）、储能变流器（PCS）、能量管理系统（EMS）及储能预制舱，预制舱包括空调、消防、监控、照明等动环系统（图3.5-7）。可根据能量调度需求进行充放电，通过削峰填谷及降容降需等模式为用户节约电费开支，提升电能质量，并为重要负荷提供备用电源保障，同时还能够缓解电网调节负担。

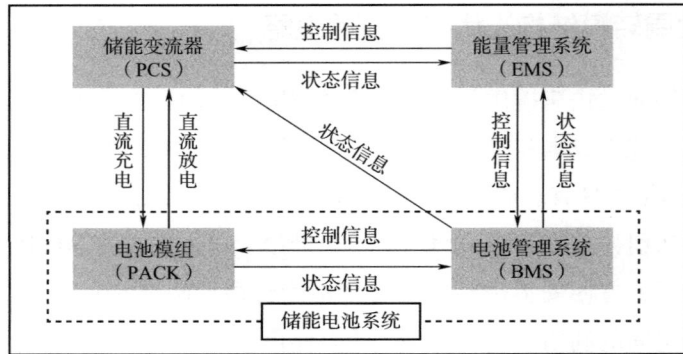

图 3.5-7　电化学储能集成系统

电化学储能技术优化户用侧能源消耗分时结构，降低用户的电力成本。同时，未来还可以参与电力市场现货交易或提供其他电力辅助服务，创造新的收益来源。

以华东地区为例，根据国家发展改革委最新电网平均碳排放因子 0.703 5 kg/（kW·h）计，每平方米年发电量约 285 kW·h，碳减排约 200 kg。

3.5.7 光储一体化能源站技术策略

该技术适用于临建施工、野外施工、结构施工、装饰装修等多场景下焊接、切割、打磨等设备施工用电需求，尤其适用于未通市电，用电条件无法满足的地区。

移动式光储一体化能源站能为项目施工提供一种清洁高效的用电方式，能够解决应急大功率电源的使用问题，减少项目发电机的使用，促进"油改电"的实现，契合国家"双碳"理念，降低项目二、三级配电箱的使用量，提高项目安全性，减少拉线布线，降低人工成本。

移动式光储一体化能源站能够满足军民融合，以及海岛区域、西北区域等无网电/市电场景的应用需求，减少项目发电机的使用，实现"光储直柔"的用电模式，促进"油改电"的实现，契合国家"双碳"理念。

3.6　低碳交通与基础设施

3.6.1　低碳交通的核心理念

在当今世界，随着城市化进程的加速和人口增长，交通运输领域已成为碳排放的重要来源之一。低碳交通的核心理念正是在这一背景下应运而生的，它旨在通过科学的方法和创新的策略，实现交通运输的可持续发展，从而减缓全球气候变暖的趋势。

低碳交通的核心在于实现"绿色、高效、智能"的交通运输体系。这一体系强调在保障交通运输效率的同时，通过优化交通结构、提高能源利用效率、推广清洁能源等手段，减少交通领域的碳排放。这不仅是应对气候变化的必要措施，也是推动经济、社会和环境和谐共生的重要途径。

首先，低碳交通注重优化交通结构。这包括通过合理规划城市交通布局、完善公共交通网络、鼓励非机动交通出行等方式，减少私家车的使用频率，降低交通拥堵和尾气排放。同时，加强交通基础设施的建设和改造，提高道路通行能力和运输效率也是实现低碳交通的重要途径。

其次，提高能源利用效率是低碳交通的另一个重要方面。通过采用先进的节能技术和设备，如节能汽车、高效发动机、智能交通系统等，降低交通运输过程中的能源消耗和碳排放。此外，加强能源管理，优化能源配置也是提高能源利用效率的关键。

最后，推广清洁能源是低碳交通的重要措施之一。这包括利用太阳能、风能、地热能等可再生能源为交通运输提供动力，减少对传统化石能源的依赖。同时，加强清洁能源技术的研发和应用，推动清洁能源汽车等产品的普及和推广也是实现低碳交通的重要手段。

总之，低碳交通的核心理念在于通过优化交通结构、提高能源利用效率、推广清洁能源等措施，减少交通领域的碳排放，实现经济、社会和环境的和谐共生。这不仅是应对气候变化的必要措施，也是推动可持续发展的重要途径。

3.6.2　低碳交通的发展策略

1. 优化交通结构，引导低碳出行

优化交通结构是实现低碳交通的核心策略之一。通过推动公共交通、慢行交通等低碳出行方式的发展，可以有效减少私家车出行比例，从而降低交通领域的碳排放。具体而言，可以采取以下措施。

（1）加大公共交通投入，提高公共交通服务质量。包括增加公交线路和班次、优化公交网络布局、提高公交车辆舒适度等，以吸引更多市民选择公共交通出行。

（2）建设完善的慢行交通系统，鼓励市民采用步行、骑行等低碳出行方式。通过建设步行道、自行车道等慢行设施，提供安全、舒适的慢行环境，市民能够享受低碳出行的便利。

（3）加强城市规划和交通规划的衔接，优化交通网络布局。通过科学的城市规划和交通规划，实现城市交通系统的合理布局和高效运行，减少交通拥堵和不必要的出行距离。

2. 提高能源利用效率，推广节能型交通工具

提高能源利用效率是降低交通领域碳排放的重要途径。通过推广节能型交通工具和智能交通系统，可以有效提高交通运输领域的能源利用效率。具体措施如下。

（1）发展新能源汽车，如电动汽车、混合动力汽车等。通过政策扶持和市场推广，鼓励市民购买和使用新能源汽车，减少传统燃油汽车的使用。

（2）推广智能交通系统，利用大数据、物联网等技术优化交通管理。通过实时监测交通流量、路况等信息，实现交通信号的智能调度和交通拥堵的及时预警，提高交通系统的运行效率。

（3）加强节能技术的研发和应用，提高交通工具的能效水平。通过技术创新和改造升级，降低交通工具的能耗和排放水平，实现绿色出行。

3. 推广清洁能源，降低使用成本

在交通运输领域大力推广清洁能源是实现低碳交通的重要手段。通过利用太阳能、风能等可再生能源，可以降低交通运输领域的碳排放并减少对化石能源的依赖。具体措施如下。

（1）建设清洁能源充电设施，为新能源汽车提供便捷的充电服务。通过在城市中心、交通枢纽等区域建设充电站、充电桩等设施，方便市民使用新能源汽车并减少充电难的问题。

（2）加强清洁能源技术的研发和应用，降低清洁能源的使用成本。通过技术创新和降低成本，清洁能源在交通运输领域可以具有更强的竞争力和更广泛的应用前景。

（3）推广清洁能源交通工具的租赁服务，鼓励市民采用清洁能源出行方式。通过提供便捷的租赁服务，降低市民使用清洁能源交通工具的门槛和成本，促进清洁能源在交通运输领域的普及和应用。

低碳交通发展策略需要从多个方面入手，包括优化交通结构、提高能源利用效

率、推广清洁能源等。只有通过全社会的共同努力和持续推动，才能实现低碳交通的可持续发展并为全球气候变化问题做出积极贡献。

3.6.3　低碳基础设施的建设

1. 绿色交通基础设施建设

绿色交通基础设施建设是低碳发展的核心之一。在建设过程中，必须高度重视生态环境保护，通过选用绿色建筑材料和环保施工技术，最大限度地减少对自然环境的破坏。绿色建筑材料（如可回收的钢铁、再生塑料和绿色混凝土等）不仅降低了能源消耗和污染排放，还有助于资源的循环利用。环保施工技术（如节能照明、绿色防水、低碳装修等）都能有效减少施工过程中的碳排放。

此外，加强交通基础设施的维护和保养，确保其长期稳定运行也是绿色交通基础设施建设的重要内容。通过定期检修、及时维修和更新设备，可以延长交通基础设施的使用寿命，减少资源浪费和环境污染。

2. 智能交通基础设施建设

随着信息技术的飞速发展，智能交通基础设施已成为现代交通系统的重要组成部分。通过建设智能交通信号灯、电子警察等智能交通管理系统，以及推广车载导航、电子收费等智能交通服务，可以大大提高交通管理的智能化水平。

智能交通基础设施的建设不仅可以优化交通流量，减少交通拥堵，还能提高交通安全性，降低交通事故率。此外，智能交通服务还能为出行者提供更加便捷、舒适的交通体验。

3. 清洁能源基础设施建设

在交通基础设施建设中加强清洁能源设施的建设是实现低碳交通的关键环节。建设充电桩、加氢站等新能源基础设施，可以为新能源汽车的推广提供有力支持。这些新能源基础设施的建设应充分考虑地理位置、能源供应和需求等因素，确保设施的合理布局和高效利用。

同时，加强清洁能源设施的互联互通和资源共享也是提高清洁能源利用效率的重要途径。通过建设智能电网、能源互联网等基础设施，可以实现清洁能源的跨区域调配和共享，进一步提高能源利用效率。

低碳交通与基础设施的建设是实现可持续发展的重要途径之一。通过优化交通结构、提高能源利用效率、推广清洁能源等措施构建绿色、高效、智能的交通运输体系。同时，加强绿色交通基础设施、智能交通基础设施和清洁能源基础设施的建设，在政策引导和公众参与下推动低碳交通与基础设施的持续发展。

第 4 章

低碳建造技术应用策略

低碳建造技术作为推动建筑业绿色转型的关键力量，正日益受到业界的广泛关注与实践。低碳建造技术旨在通过优化建筑设计、采用环保材料、提升施工能效及实施智能化管理等手段，显著降低建筑全生命周期的碳排放，促进资源的高效循环利用，实现经济、社会与环境的和谐共生。低碳建造技术是一个涵盖设计、材料、施工、管理等多个维度的综合体系，本章仅从施工总承包企业的角度进行相关阐述。

4.1　水资源节约与循环利用技术策略

在水资源日益紧缺的当下，实施水资源节约与循环利用技术策略显得尤为重要。这不仅关乎到水资源的可持续利用，更与环境保护、经济发展和社会稳定息息相关。通过采用适合的技术策略，可以有效缓解水资源短缺的问题，降低环境污染，实现经济、社会和环境的协调发展。下面将从技术策略的角度，详细阐述水资源节约与循环利用的实施路径。

4.1.1　水资源节约技术策略

在探讨施工企业施工现场节水技术的应用时，首先需要深入理解节水技术的核心意义，即在不影响施工质量和进度的前提下，通过科学合理的手段有效减少水资源的使用量，提高水资源的利用效率，从而达到保护环境、降低成本的双重目的。

1. 节水技术应用的前期规划

在项目筹备阶段，施工企业便需将节水理念融入施工设计方案之中。通过精确计算施工各阶段的水资源需求量，制订详细的节水计划。这包括但不限于优化施工方案以减少用水量大的作业环节，如采用干法施工技术替代湿法作业；合理规划施工用水网络，减少管道铺设长度和漏水点；根据气候条件调整施工时间，避免在高温时段进行需要大量水资源的作业，从而自然降低蒸发损失。

2. 高效节水设备的应用

施工过程中，积极引入并应用先进的节水设备是节水技术的关键。例如，安装智能水表和流量计，实时监测各用水点的水量，及时发现并处理漏水问题；使用节水型喷淋设备和洗车装置，通过调整水压和流量，既满足清洁需求，又减少用水量；在混凝土搅拌站和预制构件生产线上，采用循环水系统，将废水处理后再循环利用于生产，实现水资源的最大化利用。

3. 智能水管理系统的构建

智能水管理系统的构建是提升水资源利用效率的关键措施。通过建立智能水表、水漏损监测装置等智能化设施，实现对用水量的实时监测和控制。通过对用水数据的收集、分析和预测，可以优化水资源配置和供应计划，确保水资源的合理利用。此外，智能水管理系统还可以实现水资源的远程监控和管理，提高管理效率和服务质量。

4. 员工节水意识的培养

节水技术的应用还离不开全体施工人员的共同参与。施工企业应定期开展节水教育培训，提高员工的节水意识，让节水成为每个人的自觉行动。通过建立节水奖惩机制，激励员工积极发现并报告节水机会，形成全员参与、共同节水的良好氛围。

5. 节水效果评估与持续改进

节水技术的应用并非一蹴而就，而是一个持续改进的过程。施工企业应定期对节水效果进行评估，分析节水措施的实际成效，总结经验教训。同时，根据评估结果和新的节水技术动态，不断调整和优化节水方案，确保节水工作持续有效推进。

施工企业施工现场节水技术的应用是一个系统工程，需要从前期规划、设备选型、自然资源利用、人员培训到效果评估等多个方面综合施策。只有这样，才能真正实现水资源的节约和高效利用，为企业的可持续发展和社会的绿色建设贡献力量。

4.1.2　水资源循环利用技术策略

1. 废水处理与再利用技术

在全球水资源日益紧张的背景下，废水处理和再利用技术的推广显得尤为重要。通过先进的废水处理技术，可以将经过处理的废水转化为可再利用的水资源，用于工业生产、农业灌溉和冷却等多个领域。这不仅能够有效减少对新鲜淡水资源的需求，还有助于实现水资源的可持续利用。为实现废水的高效利用，需要不断优化处理工艺，提高处理效率，确保处理后的水质达到再利用的标准。

2. 雨水收集与利用技术

充分利用自然资源也是节水技术的重要组成部分。施工现场往往占地面积大，雨水资源丰富。通过设计合理的雨水收集系统，如设置雨水收集池和渗透铺装，将雨水收集起来，经过简单处理后可用于施工现场的降尘、绿化灌溉等非饮用需求，极大地缓解了施工用水的压力。

3. 水循环利用体系的建立与完善

为实现水资源的可持续利用，需要将循环生产模式运用于水资源的利用中，切实建立起水的循环利用体系。这一体系不仅应涵盖废水污水的清洁利用，还应包括将其他废料转变成高效肥料等有用产品的过程。通过科技创新和研发投入，可以不断降低水循环利用的成本，提高水资源的利用效率。同时，推动水循环利用的产业化和市场化进程，将循环经济的理念贯穿于水资源利用的全过程，实现水资源的最大化利用和价值的最大化发挥。

总之，水资源循环利用技术策略的实施对于缓解水资源短缺、实现水资源的可持续利用具有重要意义。应积极推广废水处理和再利用技术、创新发展雨水收集与利用技术、建立与完善水循环利用体系，为实现水资源的可持续发展贡献力量。

4.1.3　经济结构调整与水资源承载力相适应

在当前全球水资源日益紧张的背景下，实现经济结构调整与水资源承载力相适应，已成为地区可持续发展的关键环节。为此，必须根据地区水资源承载能力，科学制定并实施产业结构和布局调整方案，以确保经济发展与水资源利用的和谐共生。

1. 产业结构与布局的调整

（1）限制高耗水项目。

在缺水地区，应严格控制高耗水项目的发展，特别是那些耗水量大、用水效率低、环境污染严重的项目。通过设立准入门槛和严格的用水标准，确保新增项目与水资源承载力相匹配。

（2）压缩耗水量大、效益低的行业。

对于已存在的耗水量大、效益低的行业，应采取逐步淘汰或转型的策略。通过政策引导和财政支持，鼓励企业采用节水技术和设备，提高水资源利用效率。

（3）重点发展高新技术产业和服务业。

高新技术产业和服务业通常具有低耗水、高附加值的特点。因此，应将其作为地区经济发展的重点方向，通过政策扶持和市场培育，促进这些产业的快速发展。

2. 水资源管理与政策制定

（1）实行水资源有偿使用制度。

建立合理的水资源价格体系，实行水资源有偿使用制度。通过市场机制，引导企业和个人节约用水，提高水资源利用效率。

（2）明确水资源的产权关系和水权交易市场规则。

明确水资源的产权归属和使用权流转规则，建立健全水权交易市场。通过市场手段，优化水资源配置，实现水资源的合理利用。

（3）加强水资源的保护和管理。

加大水资源的保护力度，防止水资源的过度开发和污染。加强水质监测和监管，确保水资源的可持续利用。同时，加强水资源的节约和循环利用，降低用水成本。

3. 综合措施的实施

（1）加强宣传教育。

通过广泛宣传和教育，提高公众对水资源保护的意识和参与度。鼓励企业和个人采取节水措施，共同推动水资源的节约和保护。

（2）科技创新。

加强科技创新在水资源管理和利用中的应用。通过引进和研发先进的节水技术和设备，提高水资源利用效率和管理水平。

（3）国际合作与交流。

加强与国际组织和其他国家的合作与交流，学习借鉴先进的水资源管理经验和技术。通过国际合作，共同应对全球水资源挑战。

总之，实现经济结构调整与水资源承载力相适应，需要政府、企业和公众共同努力。通过科学制定和实施产业结构和布局调整方案、加强水资源管理和政策制定、加强水资源的保护和管理等综合措施的实施，可以确保地区经济的可持续发展与水资源利用的和谐共生。

4.2　建筑垃圾源头减量技术策略

建筑垃圾的产生量日益增长，对环境和资源造成了巨大压力。为实现可持续发展和绿色建造的目标，建筑垃圾源头减量技术策略显得尤为重要。本节将详细阐述建筑垃圾源头减量的技术策略，以期在建筑设计、施工和管理等各个环节中实现建筑垃圾的最小化。

建筑垃圾源头减量是实现可持续发展和绿色建造的重要任务。通过建筑设计、施工、技术创新、政策引导和社会参与等多方面的努力，可以有效减少建筑垃圾的产生量，降低对环境的影响，推动建筑业向更加绿色、可持续的方向发展。

4.2.1 建筑设计阶段垃圾控制策略

在建筑设计阶段，实施有效的垃圾控制策略对于减少建筑全寿命周期内的资源消耗和环境污染至关重要。为实现这一目标，需从建筑的长寿命和耐久性、优化建筑布局、提高空间利用率，以及使用高性能、低消耗的建筑材料等方面入手。

1. 确保建筑的长寿命和耐久性

在建筑设计的初期阶段，应充分考虑建筑的结构安全和功能需求，通过科学的设计理念和先进的技术手段，确保建筑具有较长的使用寿命和良好的耐久性。这不仅可以减少因频繁改造和拆除而产生的建筑垃圾，还能降低建筑全寿命周期内的成本和维护费用。

2. 优化建筑布局，提高空间利用率

在建筑设计中，应合理规划建筑的空间布局，通过优化功能区域划分、提高空间使用效率等方式，减少不必要的建筑面积和建筑材料的消耗。例如，通过合理的建筑设计，可以在满足使用需求的同时，减少建筑的外墙面积和体积，从而降低建筑材料的使用量和建筑垃圾的产生量。

3. 鼓励使用高性能、低消耗的建筑材料

在建筑设计中，应鼓励使用高性能、低消耗的建筑材料，如可再生资源制成的绿色建材和轻质建材等。这些材料具有较低的能耗、较低的污染排放和较高的可回收性，能够有效地降低建筑全寿命周期内的资源消耗和环境污染。例如，使用竹材、木材等可再生资源制成的建筑材料，不仅具有良好的环保性能，还能降低建筑的自重和造价。

4. 综合应用多种垃圾控制策略

在建筑设计阶段，应综合应用多种垃圾控制策略，以实现最佳的垃圾控制效果。例如，可以通过优化建筑设计方案，减少施工过程中的临时设施和材料堆放区域，从而降低建筑垃圾的产生量。同时，还可以通过建立建筑垃圾的分类收集和回收体系，将建筑垃圾中的可回收材料进行有效回收和利用，减少垃圾的处理量和环境污染。

建筑设计阶段的垃圾控制策略应综合考虑建筑的长寿命和耐久性、优化建筑布局、提高空间利用率，以及使用高性能、低消耗的建筑材料等方面。通过综合应用多种策略，可以有效地降低建筑全寿命周期内的资源消耗和环境污染，实现建筑的可持续发展。

4.2.2　建筑施工阶段垃圾减量策略

在建筑施工阶段，垃圾减量是一项至关重要的任务，它不仅关乎环境保护，还涉及资源的有效利用和成本的节约。下面是在施工阶段实施垃圾减量策略的具体措施。

1. 提高施工工艺和管理水平

在施工阶段，应持续提高施工工艺和管理水平，以减少材料浪费和建筑垃圾的产生。通过引入先进的施工技术和设备，优化施工方案，提高施工效率，减少不必要的材料消耗。同时，加强施工现场的监管，确保施工活动符合环境保护要求，防止施工过程中的污染和浪费。

2. 推广使用可重复使用的临时设施和装配式施工方法

为减少现场作业产生的建筑垃圾，应大力推广使用可重复使用的临时设施和装配式施工方法。这些临时设施包括防护类、配套类和辅助类设施，如加工棚、安全通道、临边防护、楼梯防护栏杆等。通过采用标准化、模块化设计，这些设施可以方便地进行拆卸和重新安装，从而在不同工地间重复使用，减少建筑垃圾的产生。此外，装配式施工方法也能有效减少现场作业量，降低建筑垃圾的产生。

3. 加强施工现场的监管和管理

加强施工现场的监管和管理是确保建筑材料有效利用和建筑垃圾合理处理的关键。应建立健全的施工现场管理制度，明确各方责任，确保施工活动符合环境保护要求。同时，加强对施工现场的环境监测和评估，及时发现和处理环境污染问题。此外，还应加强对施工人员的培训和教育，提高他们的环保意识和操作技能，减少人为因素导致的材料浪费和垃圾产生。

4. 鼓励采用新型建造方式和组织模式

为进一步减少施工现场建筑垃圾的产生，应鼓励采用新型建造方式和组织模式，大力发展装配式建筑和钢结构装配式住宅，推行工厂化预制和装配化施工等新型建造方式。这些方式能够有效减少施工现场的湿作业量，降低建筑垃圾的产生。同时，通过优化施工组织模式，如引入 BIM 技术等信息化管理手段，提高施工效率和管理水平，进一步减少材料浪费和垃圾产生。

建筑施工阶段垃圾减量策略的实施需要多方面的努力和配合。通过提高施工工艺和管理水平、推广使用可重复使用的临时设施和装配式施工方法、加强施工现场的监管和管理以及鼓励采用新型建造方式和组织模式等措施的综合应用，可以有效减少建筑施工过程中的垃圾产生和排放，实现绿色施工和可持续发展。

4.2.3 新技术应用解决垃圾减量

技术创新在建筑垃圾源头减量中发挥着至关重要的角色，是实现可持续发展和环境保护的重要手段。为有效应对建筑垃圾问题，必须加强建筑垃圾减排和资源化利用的技术研发与创新，并积极推广先进的处理技术和设备。

在建筑垃圾处理领域，技术创新能够显著提升垃圾处理的效率和质量。研发和应用建筑垃圾破碎、分离、压缩等处理技术，不仅能够将垃圾中的有用成分进行有效分离，提高回收率，还能够减少垃圾的体积，便于运输和存储。这些技术的推广和应用对于建筑垃圾源头减量具有显著作用。

此外，建立建筑垃圾回收利用网络是推动建筑垃圾再利用和资源化利用的关键环节。通过网络化、智能化的管理手段，实现建筑垃圾的及时回收、分类和再利用，形成完整的产业链。这不仅能够减少垃圾填埋和焚烧对环境的污染，还能够降低资源消耗，推动循环经济的发展。

同时，还应该积极引进国外先进技术和管理经验，加强国际合作与交流。通过与国际先进企业和研究机构的合作，引进先进的建筑垃圾处理技术和设备，借鉴其成功的管理经验，推动我国建筑垃圾源头减量技术的发展。这种国际合作与交流不仅能够提高我国建筑垃圾处理的水平，还能够促进全球范围内环境保护和可持续发展的共同进步。

总之，技术创新是推动建筑垃圾源头减量的重要手段。应该加强技术研发和创新，推广先进的处理技术和设备，建立建筑垃圾回收利用网络，推动建筑垃圾的再利用和资源化利用。同时，加强国际合作与交流，共同推动建筑垃圾源头减量技术的发展，为实现可持续发展和环境保护做出贡献。

4.3 建筑垃圾资源化利用策略

随着城市化进程的加速和建筑业的蓬勃发展，建筑垃圾的产生量呈现快速增长的趋势。建筑垃圾的资源化利用不仅是解决环境问题的关键途径，也是实现可持续发展的重要手段。

4.3.1 建筑垃圾的分类

在建筑行业中，随着工程项目的不断推进，建筑垃圾的产生是不可避免的。建筑垃圾的有效分类不仅有助于资源的回收再利用，还能减少对环境的污染。

因此，对建筑垃圾进行科学合理的分类处理是建筑行业实现绿色发展的重要环节。

1. 按产生源分类

（1）工程渣土。

主要来源于土地开挖、道路开挖等施工过程中产生的土壤、石块等废弃物。这类垃圾通常用于回填、造景等再利用。

（2）装修垃圾。

在家庭或商业装修过程中产生的废弃物，包括废旧石膏板、木材、瓷砖、油漆桶等。这类垃圾中的部分材料可通过回收再利用。

（3）拆迁垃圾。

在拆除旧建筑物过程中产生的废弃物，包括砖块、混凝土块、木材、金属等。这些材料经过破碎、筛选后，可用于再生混凝土、再生砖等产品的生产。

（4）工程泥浆。

在建筑施工过程中产生的含泥废水，通过沉淀、脱水等处理后可回收再利用。

2. 按组成成分分类

（1）渣土类。

主要包括土地开挖、道路开挖等过程中产生的土壤、石块等废弃物。这类垃圾在工程中常用于回填、造景等。

（2）混凝土块、碎石块。

来源于建筑施工、拆除等过程中产生的废旧混凝土、石块等。这些材料经过破碎、筛选后，可用于再生混凝土、再生骨料等产品的生产。

（3）砖瓦碎块、废砂浆。

在拆除旧建筑物或施工过程中产生的废旧砖瓦、砂浆等。这些材料经过处理后可再次利用于建筑材料的生产。

（4）沥青块、废塑料、废金属、废竹木。

分别来源于道路施工、建筑装修等过程中产生的废弃物。这些材料具有较高的回收价值，通过回收再利用可减少对自然资源的开采。

建筑垃圾的分类处理是实现建筑行业绿色发展的重要途径。通过科学合理的分类处理，可以最大限度地回收再利用建筑垃圾中的资源，减少对环境的污染。同时，建筑垃圾的分类处理还能为建筑行业的可持续发展提供有力支持。因此，建筑行业应高度重视建筑垃圾的分类处理工作，采取有效的措施推进建筑垃圾的减量化、资源化和无害化处理。

3. 建筑垃圾的利用措施

在建筑垃圾的资源化利用过程中，需要根据其性质和用途进行分类处理。具体处理措施如下。

（1）分类收集。

在施工现场设置专门的建筑垃圾分类收集点，对不同类型的建筑垃圾进行分类收集，以减少后续处理的难度和成本。

（2）预处理。

对收集到的建筑垃圾进行预处理，如破碎、筛分、去杂等，以提高其资源化利用的效率和质量。

（3）资源化利用。

根据建筑垃圾的性质和用途，将其用于制作再生建材、回填材料、生物质燃料等，实现建筑垃圾的资源化利用。

（4）无害化处理。

对于无法资源化利用的建筑垃圾，需进行无害化处理，如填埋、焚烧等，以减少对环境的污染。

建筑垃圾的分类和处理是实现其资源化利用的关键环节。通过合理的分类和处理措施，可以有效减少建筑垃圾对环境的污染，同时提高资源的利用效率。

4.3.2 再生骨料利用

简单来说，再生骨料利用就是通过一定的工艺手段，将建筑废弃物中的骨料进行回收、破碎、筛分等处理（图 4.3-1），使其达到一定的质量标准后重新利用于新的建筑材料生产中的技术。这些再生的骨料不仅可用于制作再生混凝土、再生砖块等建筑材料，还可用于道路铺设、园林景观建设等多个领域。

从环保角度来看，再生骨料利用技术能够大量减少建筑废弃物的产生，降低对自然资源的开采压力，减少环境污染。据研究，每利用 1 t 建筑废弃物，可减少约 0.8 t 的二氧化碳排放，这对于缓解全球气候变化具有积极作用。此外，再生骨料的生产过程中还能够消耗一部分传统建筑材料生产过程中所需的能源和水资源，进一步提高资源利用效率。

从经济效益角度来看，再生骨料利用技术具有显著的成本优势。一方面，建筑废弃物的回收和处理成本相对较低，且能够为企业带来一定的经济效益；另一方面，再生骨料的价格相较于传统建筑材料具有一定的竞争优势，能够在一定程度上降低建筑成本。此外，随着社会对绿色建材的需求不断增加，再生骨料的市场前景广阔，将为相关企业带来更大的发展空间。

图 4.3-1　再生骨料利用

　　然而，再生骨料利用技术在推广和应用过程中仍面临一些挑战。例如，部分建筑废弃物的成分复杂，处理难度较大；再生骨料的性能和质量稳定性仍需进一步提高；相关政策和标准体系尚不完善；等等。针对这些问题，需要政府、企业和科研机构等多方共同努力，加强技术研发和创新，完善相关政策和标准体系，推动再生骨料利用技术的广泛应用和发展。

　　再生骨料利用技术作为建筑行业绿色发展的重要支撑技术之一，具有显著的环保优势和经济效益。未来，随着技术的不断进步和应用领域的不断拓展，相信再生骨料将在建筑行业中发挥更加重要的作用，为实现建筑行业的可持续发展做出更大的贡献。

4.3.3　再生混凝土利用

　　混凝土作为最主要的建筑材料之一，其需求量日益增加。然而，这一过程也伴随着大量废弃混凝土的产生。这些废弃混凝土不仅占用土地资源，还可能对环境造成污染。因此，对废弃混凝土进行再生利用，既符合可持续发展的理念，又能有效减少环境压力。本节将重点探讨再生混凝土的利用技术及其在建筑领域的应用。

　　再生混凝土，顾名思义，是指将废弃的混凝土块经过破碎、清洗、分级等处理后，按照一定比例与级配混合，再加入水泥、水等配制成的新混凝土。这种混凝土不仅能够有效利用废弃混凝土，减少环境污染，还能在一定程度上降低建筑成本，提高资源利用率。

再生混凝土的生产过程主要包括以下几个步骤：首先，对废弃混凝土进行破碎处理（图4.3-2），将其破碎成适合再利用的骨料；其次，对破碎后的骨料进行清洗和筛分，去除其中的杂质和不符合要求的颗粒；最后，按照一定比例将清洗后的骨料与水泥、水等混合，通过搅拌等工艺制成再生混凝土。

图4.3-2　废弃混凝土破碎处理

在再生混凝土的生产过程中，需要注意以下几个技术要点：一是要选择合适的破碎设备，确保破碎后的骨料粒度均匀、质量稳定；二是要对骨料进行充分的清洗和筛分，以去除其中的杂质和不合格颗粒；三是要根据具体的工程要求和使用环境，调整再生混凝土的配合比和工艺参数，以确保其性能满足要求。

再生混凝土在建筑领域的应用十分广泛，主要包括以下几个方面。

1. 结构体材料

再生混凝土可以作为建筑结构的主体材料，用于梁、板、柱等构件的浇筑。再生混凝土具有良好的抗压强度和耐久性，能够满足大多数建筑结构的性能要求。

2. 道路工程

在道路工程中，再生混凝土可以作为路面材料使用，如铺设人行道、车行道等。其耐磨性和抗裂性较好，能够有效延长道路的使用寿命。

3. 预制构件

再生混凝土还可以用于制作预制构件，如预制板、预制墙板等。这些构件具有生产效率高、质量稳定等优点，可以在施工现场快速安装使用。

4. 其他领域

此外，再生混凝土还可以用于制作混凝土制品、园林景观等领域。在这些领域，再生混凝土不仅能够满足使用要求，还能为建筑增添独特的风格和美感。

再生混凝土作为一种环保、经济的建筑材料，具有广阔的应用前景和巨大的发展潜力。通过加强技术研发和推广应用，可以进一步提高再生混凝土的性能和质量，推动其在建筑领域的应用和发展。同时，加强对废弃混凝土的管理和回收利用也是实现可持续发展和资源节约的重要举措之一。

4.3.4 废钢筋与废钢材回收

钢材作为重要的建筑材料和工业原料，在建筑拆除、工业设备更新换代等过程中产生了大量的废钢筋和废钢材。这些废弃材料如果得不到妥善处理，不仅会造成资源浪费，还可能对环境造成污染。因此，废钢筋和废钢材的回收与再利用成为当前资源循环利用和环境保护的重要课题。

废钢筋和废钢材（图 4.3-3）种类繁多，包括建筑用钢筋、工业用钢板、钢管、钢轨等。在回收过程中，首先要对废钢材进行分类和识别，以便后续处理。分类主要依据废钢材的材质、规格、形状等因素进行，而识别则需要借助专业的检测设备和人员，确保回收的废钢材质量可靠。

图 4.3-3 废钢筋和废钢材

1. 废钢筋与废钢材的回收流程

废钢筋和废钢材的回收流程主要包括以下几个步骤。

（1）收集与运输。

通过专业的收集队伍和运输设备，将分散在各处的废钢材收集起来，并运送到指定的回收站或处理中心。

（2）分类与挑选。

在回收站或处理中心，对废钢材进行详细的分类和挑选，去除其中的杂质和不合格品，确保回收的废钢材质量。

（3）拆解与破碎。

对于大型废钢材，如废旧的工业设备、钢结构等，需要进行拆解和破碎处理，以便后续加工和利用。

（4）清洁与干燥。

对回收的废钢材进行清洁和干燥处理，去除表面的油污、锈蚀等杂质，提高废钢材的再利用价值。

（5）打包与储存。

将处理好的废钢材进行打包和储存，以便后续运输和销售。

2. 废钢筋和废钢材的再利用途径

废钢筋和废钢材经过回收处理后，具有广泛的再利用价值，其主要途径如下。

（1）重新加工。

将回收的废钢材经过重新加工，如熔炼、轧制等工艺，制成新的钢材产品，用于建筑、机械、交通等领域。

（2）制成合金。

将回收的废钢材与其他金属元素混合，制成具有特殊性能的合金材料，用于高端制造业和航空航天等领域。

（3）环保产品。

将回收的废钢材用于制造环保产品，如垃圾焚烧炉、废水处理设备等，实现资源的循环利用和环境保护。

废钢筋和废钢材的回收与再利用是一项重要的资源循环利用和环境保护工作。通过专业的分类、处理和再利用，可以实现资源的最大化利用和环境的保护。未来，随着技术的不断进步和政策的支持，废钢筋和废钢材的回收与再利用将会得到更加广泛的应用和发展。

4.3.5 废玻璃的高效利用

玻璃作为一种广泛应用于建筑、包装、家具等多个领域的重要材料，其使用量日益增长。然而，这也导致了废玻璃产生量的急剧增加。废玻璃的有效利用不仅有助于减少环境污染，还能实现资源的循环利用，对于推动可持续发展具有重要意义。

废玻璃是一种典型的可回收资源，其再利用价值极高。首先，废玻璃回收可以减少对自然资源的开采，降低能源消耗。其次，废玻璃在回收过程中不会产生有害物质，对环境友好。此外，废玻璃经过处理后，可以重新制成玻璃制品，如玻璃瓶、玻璃砖等，实现资源的循环利用。

废玻璃利用的主要方式如下。

1. 再生玻璃制品

废玻璃经过破碎、清洗、筛分等处理，可以重新制成玻璃制品。这种利用方式不仅降低了生产成本，还提高了产品质量。

2. 建筑领域应用

废玻璃经过加工可以制成玻璃砖、玻璃地板等建筑材料，不仅具有美观大方的外观，还具有良好的隔热、隔声性能。

3. 艺术装饰

废玻璃还可以用于制作各种艺术品和装饰品，如玻璃马赛克、玻璃雕塑等，为人们的生活增添色彩。

为实现废玻璃的高效利用，需要不断进行技术创新。目前，已经有一些先进的废玻璃利用技术得到了广泛应用，如高温熔融法、物理回收法等。同时，还需要加强对废玻璃利用技术的研究和开发，提高废玻璃的回收率和利用率。

废玻璃利用是实现资源循环利用和可持续发展的重要途径。通过技术创新和政策支持，可以更好地利用废玻璃资源，减少环境污染，推动社会经济的可持续发展。同时，也应加强对废玻璃利用的宣传和推广工作，提高公众的环保意识和参与度，共同为建设美丽中国贡献力量。

4.3.6　建筑垃圾预处理与分类技术

1. 智能分选系统

采用先进的机器视觉和传感器技术对建筑垃圾进行高效分类。通过自动识别、分拣出金属、塑料、木材、砖石等不同材质，为后续处理提供高质量原料。

智能分选系统作为现代环保科技领域的一项杰出创新，不仅深刻改变了传统建筑垃圾处理的模式，还极大地提升了资源回收与再利用的效率。该系统深度融合了最前沿的机器视觉识别技术与高精度传感器技术，构建起一套智能化、自动化的垃圾分类解决方案。

在运作过程中，智能分选系统首先利用先进的摄像头阵列，对建筑垃圾堆中的各类物料进行高清成像。这些摄像头不仅具备超宽视角，能够迅速捕捉整个处理区域的全貌，还配备了智能算法，能够实时分析图像中的色彩、纹理、形状等特征信息。通过机器学习技术的不断优化，系统能够逐渐提高识别准确率，即使面对复杂多变的建筑垃圾混合体，也能游刃有余地进行初步筛选与分类。

紧接着，系统内的精密传感器阵列开始发挥作用。这些传感器能够精确感知物料表面的物理特性，如密度、硬度、导电性等，进一步验证并细化机器视觉的识别结果。金属、塑料、木材、砖石等不同材质在传感器面前无所遁形，被一一精准识别并分离开来。特别是对于那些外观相似但材质迥异的废弃物，如不同种类的塑料或复合材料，系统也能通过综合多种传感数据，实现高效而准确的区分。

分类完成后，智能分选系统还会自动将各类物料输送至指定的收集区域或处理设备中。金属类废弃物将被直接送往冶炼厂进行回炉再造；塑料、木材等可回收材料则会被送往相应的再生资源加工厂，转化为新的产品或原材料；砖石等无机废弃物则可能通过破碎、筛分等工艺，用于道路铺设、填坑造地等工程领域，实现资源的最大化利用。

整个分类过程不仅高效快捷，而且大大降低了人工干预的需求，减少了人力成本和环境风险。智能分选系统的应用不仅提升了建筑垃圾处理的效率和质量，更为城市的可持续发展和循环经济的构建提供了强有力的技术支撑。未来，随着技术的不断进步和应用的不断拓展，智能分选系统有望在更多领域发挥重要作用，成为推动绿色发展的重要力量。

2. 多级破碎与筛分

利用颚式破碎机、反击式破碎机等设备，对建筑垃圾进行多级破碎和筛分，形成不同粒径的骨料。同时，设置除尘装置减少扬尘污染，确保生产环境的清洁。

首先，引入先进的颚式破碎机作为初步破碎的核心设备，这些庞然大物以其强大的破碎能力和稳定的性能，对建筑垃圾中的大块混凝土、砖石等硬质材料进行初步破碎，将它们分解成易于后续处理的小块物料。颚式破碎机的工作原理类似于动物的两颚咬合，通过动颚与定颚之间的挤压与剪切作用，实现对物料的初步破碎，为后续步骤奠定坚实基础。

紧接着，经过初步破碎的物料被送入反击式破碎机进行进一步的细碎处理。反击式破碎机以其独特的反击板设计和高转速的转子，使物料在机腔内受到多次撞击与反弹，从而实现更细致的破碎效果。这一步骤不仅提高了骨料的均匀性和质量，还使得最终产品的粒径分布更加符合市场需求，为后续的筛分工作提供了便利。

在破碎过程中，为减少因物料破碎而产生的扬尘污染，特别设置了高效的除尘装置。这些除尘系统包括袋式除尘器、湿式除尘器等，它们能够有效地捕捉并处理破碎过程中产生的粉尘颗粒，确保生产环境的清洁与工作人员的健康。除尘装置的运行与破碎设备紧密联动，形成了一套完善的环保处理体系，使得整个破碎筛分过程既高效又环保。

筛分环节则是将破碎后的物料按照粒径大小进行分类的关键步骤，采用了多层振动筛，通过调节筛网的孔径和振动频率，可以将不同粒径的骨料精确分离出来。这些骨料随后被广泛应用于道路建设、混凝土制造、园林造景等多个领域，不仅节约了自然资源，还减少了环境污染，实现了建筑垃圾的减量化、资源化和无害化处理。

整个多级破碎与筛分过程从原料的初步破碎到最终产品的精细筛分，每一步都凝聚着科技与环保的智慧结晶。我们应致力于通过先进的技术手段，将建筑垃圾转化为有价值的再生资源，为城市的可持续发展贡献一份力量。

4.3.7 再生建材生产技术

1. 再生砖、砌块生产技术

利用废砖瓦等建筑垃圾生产的再生骨料，通过制砖机生成再生砖、砌块等建材制品。这些再生建材不仅环保，还具有良好的力学性能和市场应用前景。

首先，废砖瓦等建筑垃圾被集中收集后，会经历严格的分类与清洗步骤，以去除其中的杂质和附着物，确保再生骨料的纯净度。随后，采用先进的破碎与筛分技术，将大块废弃物细化成符合标准的再生骨料颗粒。这一过程不仅考验着技术的精度，更体现了对资源最大化利用的追求。

接下来，这些精心准备的再生骨料被送入高效节能的制砖机中。在制砖机内部，通过精确的配比、混合、压制成型等工序，再生骨料被赋予了新的形态——坚固耐用、形态各异的再生砖与砌块。这些产品不仅外观上与传统建材无异，更重要的是，它们继承了原材料中的部分优良性能，如良好的抗压强度、抗冻融循环能力等，确保了其在建筑应用中的稳定性和安全性。

尤其值得一提的是，再生砖与砌块作为环保建材的代表，其生产和使用过程极大地减少了对自然资源的开采和消耗，降低了碳排放量，符合当前全球倡导的绿色低碳发展理念。此外，随着社会对可持续发展认识的不断加深，以及政府对绿色建筑、循环经济政策的支持力度加大，再生建材的市场需求日益增长，展现出广阔的发展前景和巨大的市场潜力。

展望未来，随着技术的不断进步和成本的进一步降低，再生砖与砌块生产技术将更加成熟和完善，为构建资源节约型、环境友好型社会贡献更大力量。同时，这也将激发更多企业投身于环保建材的研发与生产之中，共同推动建筑行业的绿色转型与升级。

2. 生态透水砖

生态透水砖包括地面材料生态透水砖、浇筑透水砖和透水路牙砖等，广泛用于广场、人行道、慢车道等场所，具有良好的透水性和环保效益。

生态透水砖作为现代城市建设中不可或缺的绿色建材，其家族成员丰富多样，涵盖了地面材料生态透水砖、浇筑透水砖及透水路牙砖等，它们共同织就了一幅幅既实用又美观的城市生态画卷。这些透水砖广泛应用于城市的各个角落——从繁华喧嚣的广场中心，到人潮涌动的步行街道，再到宁静悠长的慢车道两侧，它们以无声的姿态，默默守护着城市的生态平衡。

地面材料生态透水砖作为这一系列产品的核心，其以独特的透水性能而成为缓解城市内涝问题的得力助手。每当雨水降临，这些透水砖便迅速响应，仿佛城市的毛细血管，让雨水能够迅速渗透至地下，补充地下水，减少地表径流，有效缓解城市排水系统的压力。同时，这一过程还促进了水循环，为城市的绿色植被提供了宝贵的水分，进一步提升了城市的生态环境质量。

浇筑透水砖则是通过先进的生产工艺，将环保材料与特殊配方相结合，精心浇筑而成。它们不仅继承了传统透水砖的透水性能，更在强度、耐磨性等方面有了显著提升，使得其在承载车辆与行人压力的同时，依然能够保持良好的透水效果，为城市道路的安全与美观贡献自己的力量。

透水路牙砖则是城市景观设计中的点睛之笔。它们巧妙地镶嵌在人行道与绿化带之间，既起到了分隔与引导的作用，又以其独特的透水性能，让雨水能够顺利流入绿化带，滋养植被，增加空气湿度，为城市增添了一抹生机与活力。此外，透水路牙砖的设计往往融入了城市的文化元素与审美理念，使得每一条街道、每一个广场都成为展现城市魅力的独特窗口。

生态透水砖以其良好的透水性和显著的环保效益，在现代城市建设中发挥着越来越重要的作用。它们不仅改善了城市的排水系统，提升了城市的生态环境质量，还以其独特的设计理念和广泛的应用场景，为城市增添了一道道亮丽的风景线。随着人们对生态环境保护意识的不断提高，生态透水砖必将在未来的城市建设中发挥更加重要的作用，引领人们走向更加绿色、可持续的发展之路。

4.3.8　路基填筑技术

路基填筑技术将经过预处理的建筑垃圾作为土方填筑路基，减少土方的开挖和运输成本，同时实现建筑垃圾的资源化利用。

该技术作为现代道路建设中一项既环保又经济的关键技术，正逐步展现出其独特的优势与价值。这一技术的核心在于巧妙地将经过精心预处理的建筑垃圾转化为路基填筑材料，不仅有效缓解了传统土方开挖与运输所带来的高昂成本与环境压力，还实现了建筑废弃物从"废物"到"资源"的华丽转身。

首先，预处理环节是确保建筑垃圾能够作为合格路基填筑材料的关键步骤。这一过程中，会利用先进的分类与筛选技术，将混杂在建筑垃圾中的有害物质（如重金属、有害化学物质等）彻底分离，同时根据材料的粒径、强度等物理特性进行分级处理。通过这一步骤，原本杂乱无章的建筑垃圾被转化成具有一定规格和强度的填筑骨料，为后续的填筑工作奠定了坚实基础。

随后，在处理后的建筑垃圾被运往路基施工现场时，工程师会根据道路设计的具体要求，采用科学合理的填筑方案。他们会严格控制填筑层的厚度、压实度及各层之间的衔接处理，确保路基的整体稳定性和承载能力。在这个过程中，建筑垃圾因其良好的压实性能和一定的强度特性而展现出优于传统土方的填筑效果，进一步降低了路基沉降的风险。

值得一提的是，将建筑垃圾应用于路基填筑，还带来了显著的环境效益。一方面，它大幅减少了因土方开挖和运输而产生的碳排放和扬尘污染，有利于改善空气质量；另一方面，建筑垃圾的资源化利用减少了垃圾填埋场的负荷，节约了宝贵的土地资源，为城市的可持续发展贡献了一份力量。

此外，随着技术的不断进步和人们对环保意识的增强，路基填筑技术也在不断创新与完善。例如，一些地区开始探索将建筑垃圾与特定添加剂混合使用，以进一步提升填筑材料的性能；还有一些项目则尝试将建筑垃圾与生物技术相结合，通过微生物的作用促进材料的固化和稳定，从而拓宽了建筑垃圾在路基填筑中的应用范围。

路基填筑技术通过将预处理后的建筑垃圾作为填筑材料，不仅实现了土方开挖和运输成本的降低，还促进了建筑垃圾的资源化利用，为道路建设行业带来了革命性的变革。这一技术的应用不仅具有显著的经济效益和环境效益，还展示了人类在面对资源短缺和环境污染挑战时的智慧与创造力。

4.3.9　资源化综合处置技术

1. 淤泥与石粉再生种植土技术

以建筑废弃物分选、粉碎后剩余的淤泥、石粉为原料，添加其他废弃物（如污泥、废渣）和微量元素，混合搅拌制成再生种植土。这种土壤不仅具备天然土壤的特性，还具有肥效高、透气好和保水强的优点。

淤泥与石粉再生种植土技术作为一项创新的环保与资源循环利用技术，正逐步在城市建设与生态修复领域展现出其独特的魅力。该技术巧妙地将建筑废弃物这一"城市负担"转化为宝贵的资源，通过精细化的处理流程，赋予这些废弃物第二次生命。

首先，建筑废弃物被运往专业的处理中心，经过严格的分选程序，将可回收的金属、木材、塑料等材料分离出来，以减少对环境的进一步压力。随后，剩余的淤泥与石粉这些在传统观念中难以处理的废弃物成为再生种植土的主要原料。这些原料经过先进的粉碎设备处理，确保颗粒大小均匀，为后续混合搅拌打下良好基础。

在原料准备充分后，技术团队会精心挑选并添加其他类型的废弃物，如城市污水处理厂产生的污泥、工业生产中产生的无害化废渣等，这些废弃物经过无害化处理，不仅减少了环境污染，还实现了资源的最大化利用。同时，为提升再生种植土的肥力与综合性能，适量的微量元素（如氮、磷、钾及有机质等）也会被科学配比加入，确保土壤营养均衡。

混合搅拌是制作过程中的关键环节，采用先进的搅拌设备，确保所有成分充分融合，形成质地均匀、结构稳定的再生种植土。这一过程中，温度、湿度及搅拌时间等参数都被精确控制，以保证最终产品的质量。

制成的再生种植土不仅继承了天然土壤的基本特性，如适宜的 pH 值、良好的团粒结构等，更在肥效、透气性和保水性方面表现出色。其高肥效特性能够显著促进植物生长，缩短作物生长周期；良好的透气性为植物根系提供了充足的氧气环境，有利于根系发育；而强大的保水能力则能在干旱季节为植物提供必要的水分支持，降低灌溉频率，节约水资源。

此外，淤泥与石粉再生种植土技术的应用范围广泛，不仅可用于城市绿化、屋顶花园、垂直绿化等现代都市农业项目，还可作为土地复垦、生态修复工程中的重要材料，对于改善城市生态环境、提升居民生活质量具有重要意义。

总之，淤泥与石粉再生种植土技术以其独特的环保理念、高效的资源利用方式及显著的生态效益，正逐步成为推动城市可持续发展、实现人与自然和谐共生的重要力量。

2. 可燃杂质焚烧发电技术

对分拣出的可燃杂质（如塑料、橡胶等）进行焚烧处理，利用产生的热能发电，实现能量的回收利用。

可燃杂质焚烧发电技术作为一种创新且环保的能源利用方式，正逐步在全球范围内受到广泛关注与应用。这项技术旨在将日常生活中及工业生产过程中分拣出的可燃杂质（如废弃塑料、废旧橡胶、纸张残余及部分生物质废弃物等）进行高效、安全的焚烧处理。这些原本可能被视为"废物"的材料，在特定的高温焚烧炉中，通过精心设计的燃烧过程，能够转化为宝贵的热能资源。

在焚烧过程中，可燃杂质中的碳氢化合物等可燃成分与空气中的氧气发生剧烈反应，释放出大量的热能。为确保燃烧效率与环保性能，焚烧炉通常采用先进的燃烧控制系统，能够自动调节空气供给量，维持最佳燃烧温度，并有效抑制有害气体的生成，如二噁英、氮氧化物等，通过安装烟气净化装置进一步处理排放物，确保达标排放，减少对环境的影响。

产生的热能随后被高效捕集，并导入蒸汽轮机或燃气轮机中，驱动发电机旋转，进而将热能转化为电能。这一过程不仅实现了能量的高效转换与回收利用，还显著降低了对传统化石燃料的依赖，有助于缓解能源紧张局势，促进可持续发展。

此外，可燃杂质焚烧发电技术还具备经济效益显著的特点。随着全球对循环经济和资源节约型社会建设的重视，废弃物分类与资源化利用成为必然趋势。通过该技术，原本需要投入大量资金进行填埋或焚烧处理的废弃物如今能够转化为清洁电能，为企业创造额外收益，同时也减轻了政府在废弃物处理方面的财政负担。

随着技术的不断进步和政策的持续支持，可燃杂质焚烧发电技术有望在更多领域得到推广与应用。例如，在工业园区、城市垃圾处理中心及偏远地区的小型发电厂等场所，该技术将发挥更加重要的作用，为实现能源结构的多元化、提高能源利用效率、推动绿色低碳发展贡献力量。同时，随着人们对环保意识的增强和科技创新的深入，相信可燃杂质焚烧发电技术将不断突破技术瓶颈，实现更加高效、环保、可持续的发展。

4.3.10 其他资源化利用方法

在众多的废弃物中，渣土、沥青块和废竹木因其量大且处理难度较高而备受关注。本节旨在探讨这些废弃物如何通过专业的技术处理，转化为有价值的再生资源，从而实现资源的循环利用和环境的可持续发展。

1. 渣土的资源化利用

渣土作为建筑和基础设施建设中产生的废弃物，其资源化利用具有巨大的潜力。通过先进的烧熔技术，渣土可以被转化为陶土粒、砖瓦等建筑材料。这种处理方法不仅有效减少了渣土的堆放量，降低了对环境的压力，还通过再加工实现了资源的再利用。陶土粒和砖瓦等产品在建筑行业中有着广泛的应用，为社会的可持续发展提供了有力的支持。

2. 沥青块的资源化利用

沥青块是道路建设和维护过程中产生的废弃物，其处理难度较高且对环境影响较大。然而，通过专业的破碎和再加工技术，沥青块可以被破碎成一定粒径的骨料，并掺入胶黏剂及砂等材料生产出沥青骨料。这种再生骨料具有优良的物理和化学性能，可广泛应用于道路修复和新建道路中。这种资源化利用方式不仅减少了废弃物的产生，还降低了道路建设的成本，具有显著的经济效益和环境效益。

3. 废竹木的资源化利用

废竹木作为生物质资源的一种，其资源化利用具有广阔的前景。经过专业的处理和加工，废竹木可以被转化为生物质能源，如生物质颗粒燃料、生物质气体等。这些生物质能源具有清洁、可再生、低碳排放等优点，可广泛应用于工业、农业和民用等领域。此外，废竹木还可以被加工成各种木制品和家具等，实现资源的循环利用和价值的最大化。

渣土、沥青块和废竹木的资源化利用是实现废弃物减量化和资源化的重要途径。通过专业的技术处理和加工，这些废弃物可以被转化为有价值的再生资源，为社会的可持续发展提供有力的支持。因此，应该加强对这些废弃物资源化利用技术的研究和推广，推动废弃物资源化利用工作的深入开展。

4.3.11 建筑垃圾资源化利用的实施策略

1. 加强法规政策支持

政府应出台相关法规和政策，明确建筑垃圾资源化利用的目标和要求，鼓励和支持企业开展资源化利用工作。同时，应加大对违法违规行为的处罚力度，确保资源化利用工作的顺利开展。

2. 建立完善的回收体系

建立健全的建筑垃圾回收体系，实现建筑垃圾的集中收集、分类处理和资源化利用。在城市中建立建筑垃圾回收站，通过分类和分拣将可再利用的材料进行回收，减少对原材料的需求并降低环境污染。

3. 加强技术研发和创新

加大对建筑垃圾资源化利用技术的研发和创新力度，提高资源化利用的技术水平和效率。同时，积极引进国外先进的资源化利用技术和设备，提升我国建筑垃圾资源化利用的整体水平。

4. 加强宣传和教育

加强对建筑垃圾资源化利用的宣传和教育力度，提高公众对资源化利用的认识和重视程度。通过媒体宣传、社区活动等方式普及资源化利用知识，引导公众积极参与资源化利用工作。

5. 加强合作与交流

加强与国际社会的合作与交流，借鉴国外的资源化利用经验和技术，推动我国建筑垃圾资源化利用工作的不断发展。同时，积极参与国际环保组织和合作项目，共同推动全球环保事业的发展。

4.4　施工临时设施降碳策略

在建筑工程项目中，临时设施作为施工期间不可或缺的一部分，其碳排放量同样不容忽视。为响应全球减碳和可持续发展的号召，针对施工临时设施的降碳策略显得尤为重要。下面将详细阐述施工临时设施降碳的若干策略，以期在保障施工进度的同时，降低临时设施的碳排放量。

4.4.1　施工临时厢房的低碳设计

在施工阶段，临时厢房（图 4.4-1）作为施工现场的重要设施，其低碳设计显得尤为重要。下面从材料选择、能源利用、水资源管理、废物处理等方面，对施工临时厢房的低碳设计内容进行详细阐述。

1. 材料选择

在施工临时厢房的材料选择上，应优先选用可再生、可回收、低污染的材料（图 4.4-1）。例如，采用可循环使用的集装箱作为主体结构，不仅降低了建设成本，还缩短了施工时间。同时，集装箱的耐用性和可移动性也使其成为灾后临时安置房的理想选择。在内部装修上，可采用环保型板材、涂料等，减少有害物质的释放，保障施工人员的健康。

图 4.4-1　施工临时厢房

2. 能源利用

在能源利用方面，施工临时厢房应充分利用太阳能、风能等可再生能源。例如，在厢房屋顶安装太阳能光伏板，将太阳能转化为电能，供厢房内照明、空调等设备使用。此外，还可利用风能发电设备，为厢房提供稳定的电力供应。通过合理利用可再生能源，不仅可以降低能源消耗，还能减少对传统能源的依赖，实现低碳环保。

3. 水资源管理

在水资源管理方面，施工临时厢房应采取节水措施，减少水资源的浪费。例如，安装节水型水龙头、淋浴器等设备，减少用水量。同时，可设置雨水收集系统，将雨水收集起来用于冲洗、浇灌等用途。此外，还应对厢房内产生的污水进行处理，减少对周围环境的污染。

4. 废物处理

在废物处理方面，施工临时厢房应建立垃圾分类和回收制度。将可回收垃圾、有害垃圾、厨余垃圾等进行分类处理，提高资源利用率。对于可回收垃圾，如废纸、废塑料等，可进行回收再利用；对于有害垃圾，如废电池、废油漆等，应交由专业机构进行处理；对于厨余垃圾，可设置堆肥箱进行堆肥处理，转化为有机肥料。通过垃圾分类和回收处理，可以减少废物的产生量，降低对环境的污染。

在施工临时厢房的管理上，可采用智能管理系统进行实时监控和管理。通过安装传感器、监控摄像头等设备，对厢房内的温度、湿度、空气质量等进行实时监测，并根据实际情况自动调节空调、通风等设备的运行状态。同时，智能管理系统还可对用电量、用水量等数据进行统计和分析，为节能减排提供数据支持。

施工临时厢房的低碳设计内容涵盖了材料选择、能源利用、水资源管理、废物处理等多个方面。通过采用低碳设计理念和技术手段，可以降低能源消耗和碳排放量，减少对环境的影响，为可持续发展做出贡献。

4.4.2 施工临时设施的能源效率提升

提高临时设施的能源效率是降低碳排放的关键。提升施工临时设施的能源效率不仅是实现绿色施工的必要步骤，更是降低整体项目碳排放、响应全球节能减排号召的重要举措。下面是关于如何提升施工临时设施能源效率的专业建议。

1. 采用节能型施工设备与照明系统

（1）LED 节能灯具。

应优先选用 LED 等高效节能型灯具替换传统照明设备。LED 灯具具有光效高、寿命长、发热低等特点，能够显著降低照明能耗。

LED 节能灯具作为现代照明技术的杰出代表，其优越性不仅体现在节能环保的核心理念上，更在实际应用中展现出了无可比拟的优势。因此，在构建绿色、可持续的施工临时建筑（简称施工临建）时，应毫不犹豫地优先选择 LED 等高效节能型灯具来替换传统照明设备。

LED 灯具的核心优势在于其卓越的光效性能。相比于传统照明（如白炽灯或荧光灯），LED 灯具能够发出更加明亮而均匀的光线，同时大大降低了电能的消耗。这一特性在施工临建中尤为重要，因为施工现场往往需要长时间、高强度的照明，而 LED 灯具的高效能正好满足了这一需求，显著减少了能源消耗和电费开支。

此外，LED 灯具的寿命远超传统照明设备，通常可达数万小时以上，这意味着在施工周期内，几乎无须更换灯具，大大降低了维护成本和因更换灯具而造成的停工时间。这一特点尤其适用于施工临建这种临时性但又需长期使用的场所，为项目的高效推进提供了有力保障。

再者，LED 灯具的发热量极低，有效避免了传统灯具因高温而产生的安全隐患和能量浪费。在密闭或通风条件不佳的施工环境中，LED 灯具的这一特性显得尤为重要，它不仅减少了火灾等安全事故的风险，还改善了作业环境，提高了工人的工作舒适度。

在施工临建中应用 LED 节能灯具的具体方法如下。首先，需根据施工临建的规模、布局及照明需求，科学规划照明方案，合理布局 LED 灯具的位置和数量。其次，选用质量可靠、性能稳定的 LED 灯具产品，确保照明效果和使用寿命。在安装过程中，应注意灯具的固定方式和接线安全，避免因安装不当而引发的安全问题。最后，定期对 LED 灯具进行维护和检查，及时发现并处理潜在问题，确保照明系统的稳定运行。

LED 节能灯具在施工临建中的应用不仅能够有效降低照明能耗，提高能源利用效率，还能够显著提升施工环境的安全性和舒适度。因此，在未来的施工中，应积极推广和应用 LED 节能灯具，为实现绿色、低碳、高效的施工目标贡献力量。

（2）节能型空调与通风系统。

选择能效比高的空调和通风设备，确保在满足施工现场温度与空气质量要求的同时，实现低能耗运行。

在现代建筑施工的临时设施中，节能型空调与通风系统的应用已成为提升施工环境质量与节能减排的重要一环。这不仅仅是一种技术选择，更是对可持续发展理念的具体实践。在精心规划与设计的施工临建中，应致力于从源头抓起，优选那些具备高能效比的空调设备与通风系统，以科学、高效的方式管理施工现场的环境条件。

在空调设备的选择上，严格遵循能效等级标准，倾向于采用最新一代的变频节能空调。这类空调通过智能调节压缩机转速，能够根据实际室内温度需求精确控制冷热量输出，有效避免了传统定频空调频繁启停带来的能耗浪费。同时，它们还配备了先进的空气净化功能，如高效过滤网、负离子发生器等，不仅能够调节室内温度至人体舒适范围，还能显著提升室内空气质量，为施工人员营造一个既凉爽又清新的工作环境。

而在通风系统的配置上，则注重自然通风与机械通风的有机结合。在临建布局时，充分考虑建筑朝向、窗户位置等因素，以最大化利用自然风进行室内换气，减少机械通风的依赖。对于必须依赖机械通风的区域，则选用了低噪声、大风量的通风设备，并辅以智能控制系统，根据室内外空气质量监测结果自动调节通风量，确保室内空气流通顺畅且新鲜，同时避免能源的无谓消耗。

此外，为进一步提升节能效果，还引入了智能环境管理系统。该系统通过集成温度传感器、湿度传感器、空气质量监测仪等多种传感器，实现对施工临建内环境参数的实时监测与数据分析。基于大数据分析技术，系统能够自动调整空调与通风系统的运行状态，以达到最佳的节能效果与舒适度平衡。同时，该系统还具备远程监控与故障诊断功能，方便管理人员随时掌握设备运行情况，及时发现并解决问题，确保施工临建内的环境始终保持最佳状态。

节能型空调与通风系统在施工临建中的应用不仅是对施工人员健康与舒适度的负责，更是对环境保护与能源节约的积极贡献。通过不断优化设备选型，加强系统控制与管理，有望在未来更多建筑施工项目中推广这一先进理念与技术，共同推动建筑行业的绿色转型与可持续发展。

2. 实施合理的能源管理

（1）用电时间管理。

合理安排临时设施的用电时间，避免无人值守时的电力浪费。例如，在非工作时间关闭不必要的照明和空调设备。

（2）用电负荷优化。

通过合理规划和布局，降低用电负荷的峰值，实现电力的平稳供应和有效利用。

（3）能源监测与数据分析。

安装能源监测系统，实时收集和分析能源使用数据，为能源管理提供科学依据。

3. 积极利用可再生能源

（1）太阳能利用。

在临时设施中安装太阳能光伏板，利用太阳能发电，为施工现场提供清洁能源。同时，可考虑使用太阳能热水器等太阳能利用设备。

（2）风能利用。

根据施工现场的具体情况，评估风能的利用潜力，安装风力发电设备，为施工现场提供可再生能源。

（3）其他可再生能源。

根据当地条件，积极探索和利用其他可再生能源，如生物质能、地热能等。

4. 加强员工节能意识培训

（1）定期开展节能培训。

通过培训提高员工对节能重要性的认识，使其掌握节能技巧和知识。

（2）设立节能奖励机制。

建立节能奖励机制，鼓励员工积极参与节能活动，形成良好的节能氛围。

通过以上措施的实施，可以显著提升施工临时设施的能源效率，降低碳排放，实现绿色施工的目标。同时，这些措施也有助于提高项目的整体经济效益和社会效益，为建筑行业的可持续发展做出贡献。

4.4.3　临时设施的用电及照明优化

在临时用电方面，用电及照明系统的优化不仅关乎能源的有效利用，更直接影响到设施的安全性与运行效率。临时设施在用电及照明方面的优化策略应围绕节能、智能控制、实时监测和管理等方面展开。通过选用节能电线和灯具、采用智能控制手段、安装智能电表和能源管理系统以及合理设计和布置临电线路等措施，可以实现临时设施用电及照明的节能、高效、安全运行目标。这将有助于提升临时设施的整体运行效率和管理水平，同时也符合可持续发展的要求。

1. 节能电线与灯具的选择

在临时设施的用电系统中，优先选用节能电线和灯具是实现节能目标的基础。节能电线具有低电阻、低能耗的特点，能够显著减少输电过程中的能量损失。同时，节能灯具（如 LED 灯等）以其高发光效率、长寿命、低发热量等优势而成为临时设施照明的首选。

2. 照明系统的智能控制

为进一步提高照明系统的能效，采用声控、光控、时控等智能控制手段是必要的。声控照明系统能够在无人或低噪声环境下自动关闭灯具，避免不必要的电能消耗；光控系统可根据环境光照强度自动调节灯具亮度，实现按需照明；时控系统则可根据实际需要设定开关时间，确保在需要的时间段内提供足够的照明。

3. 智能电表与能源管理系统的应用

安装智能电表和能源管理系统是实现临时设施用电情况实时监测和管理的关键。智能电表能够准确记录各用电设备的能耗数据，为能源管理提供可靠依据。能源管理系统则可通过分析这些数据，发现能源浪费问题并提出改进建议，实现用电的精细化管理。

4. 线路设计与布置的合理性

在临时设施的建设过程中，合理设计和布置临电线路也是实现用电优化的重要环节。线路设计应充分考虑设施的实际需求和用电负荷，确保供电的稳定性和安全性。同时，线路的布置应尽可能简洁明了，减少交叉和冗余，降低故障率和维护成本。

4.4.4　屋顶被动辐射制冷涂料的应用

屋顶被动辐射制冷涂料（图4.4-2）通过反射绝大部分的太阳光，减少物体从太阳光中吸收的热量，同时在大气红外透射窗口（8～13 μm）波段具有高辐射率（>90%），将热量透过大气层"排放"到宇宙中，无须消耗电力便可以实现表面温度低于环境温度的制冷效果。

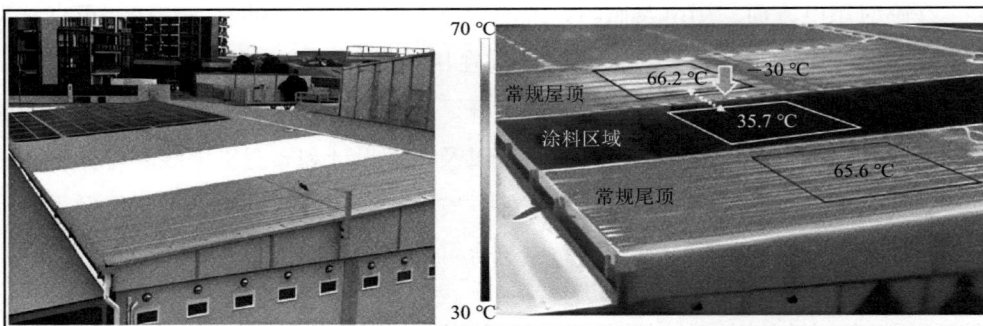

图 4.4-2　屋顶被动辐射制冷涂料

制冷涂料的太阳反射率达到98.6%，大气窗口发射率达到99.9%，夏季炎热天气下屋顶表面温度降低15～20 ℃，室内温度降低5～10 ℃。成本约为40～60 元/m^2，节能效果与经济效益显著。

制冷涂料应用于临时设施的屋顶，夏季炎热天气下屋顶表面温度可以降低15～20 ℃。

4.4.5　环境监测与评估

建立临时设施的环境监测系统，对施工现场的空气质量、噪声、振动等进行实时监测，确保施工活动符合环保要求。同时，定期对临时设施的环境影响进行评估，及时发现和解决环境问题。通过环境监测与评估，不断优化临时设施的降碳策略，实现施工过程的低碳化。

1. 环境监测系统的建立

为有效监测临时设施的环境影响，应建立全面、高效的环境监测系统。该系统应包括以下主要内容。

（1）空气质量监测。

利用空气质量监测站，实时监测施工现场的 $PM_{2.5}$、PM_{10}、二氧化硫、氮氧化物等关键空气污染物指标，确保空气质量符合相关环保标准。

（2）噪声监测。

在施工现场设置噪声监测点，实时监测施工噪声水平，确保施工噪声不超过法定限制。

（3）振动监测。

对于可能产生振动的施工活动，如桩基施工、爆破作业等，应设置振动监测点，确保振动水平不会对周围环境造成不良影响。

此外，环境监测系统还应具备数据实时传输、自动分析、预警提示等功能，以便及时发现并处理环境问题。

2. 环境影响评估

为确保临时设施的环境影响得到有效控制，应定期对临时设施进行环境影响评估。评估内容应包括以下几个方面。

（1）环境影响识别。

分析临时设施在运行过程中可能产生的各类环境影响因素，如空气污染、噪声污染、水污染、土壤污染等。

（2）环境影响预测。

利用专业工具和方法，预测临时设施在不同施工阶段对周围环境可能产生的影响程度。

（3）环境影响评价。

将预测结果与环保标准、法规要求进行对比，评价临时设施的环境影响是否满足相关要求。

环境影响评估的结果应作为制定临时设施环境管理方案、优化降碳策略的重要依据。

3. 降碳策略优化

通过环境监测与评估，可以及时了解临时设施在运行过程中产生的环境问题和潜在风险。在此基础上，应针对性地制定并优化降碳策略，实现施工过程的低碳化。具体策略如下。

（1）绿色材料选用。

优先选择符合环保标准、低碳排放的建筑材料和设备，减少施工过程中的碳排放。

（2）节能减排措施。

采用节能灯具、高效节能设备等措施，降低临时设施的能源消耗和碳排放。

（3）废弃物管理。

建立废弃物分类、回收、利用制度，减少施工废弃物的产生和排放。

（4）水资源管理。

加强施工现场水资源管理，减少水资源浪费和污染。

通过不断优化降碳策略，可以显著降低临时设施的环境影响，实现施工过程的低碳化转型。

环境监测与评估是确保临时设施符合环保要求、实现施工过程低碳化的重要手段。通过建立全面的环境监测系统、定期进行环境影响评估、优化降碳策略等措施，可以有效控制临时设施的环境影响，推动建筑行业的绿色可持续发展。

4.5　周转料具降碳策略

建筑施工企业施工现场周转料具的降碳策略是实现建筑行业碳中和目标的重要途径之一。通过选用低碳环保材料、优化周转料具设计、加强周转料具管理、推广绿色施工技术和加强废弃物管理等，可以有效降低周转料具的碳排放。未来，施工企业应进一步加大降碳力度，积极采用新技术、新材料和新工艺，推动建筑行业的绿色发展。

4.5.1　施工现场周转料具的碳排放来源

周转料具（如模板、挡板、架料等）在施工过程中发挥着重要作用。然而，这些料具的制造、运输、使用及废弃等环节均会产生一定的碳排放。

1. 制造环节

周转料具的制造过程中，涉及原材料的开采、加工、成型等多个步骤，这些步骤都会消耗能源并产生碳排放。特别是钢材、木材等原材料的开采和加工，其碳排放量较大。

2. 运输环节

周转料具通常需要从制造地运输到施工现场，这一过程中会使用到大量的运输车辆，从而产生尾气排放，增加碳排放量。

3. 使用环节

在施工过程中，周转料具的使用和维护也会消耗能源，并可能产生间接的碳排放。例如，使用电动工具对料具进行维护时，会消耗电力并产生碳排放。

4. 废弃环节

周转料具在使用结束后，若处理不当，也可能产生碳排放。例如，废弃的钢材若未进行回收处理，而是直接丢弃或焚烧，将会产生大量的二氧化碳排放。

4.5.2　周转料具碳排放现状分析

目前，施工现场周转料具的碳排放现状呈现出以下几个特点。

1. 碳排放量较大

由于周转料具的制造、运输、使用及废弃等环节均会产生碳排放，因此其总碳排放量较大。特别是在大型建筑项目中，周转料具的使用量较大，其碳排放问题更加突出。

2. 碳排放控制意识不足

目前，许多施工单位对周转料具的碳排放问题认识不足，缺乏有效的碳排放控制措施。在料具的选用、使用、维护等方面，往往只考虑经济效益和施工进度，而忽视了对碳排放的控制。

3. 碳排放监管体系不完善

当前，建筑行业对于周转料具碳排放的监管体系尚不完善，缺乏统一的标准和监管机制。这导致施工单位在碳排放控制方面缺乏明确的指导和约束，难以有效地降低碳排放量。

4.5.3　周转料具碳排放控制措施

目前，多数施工企业在周转料具的管理和使用上仍存在诸多问题，如选型不合理、使用不规范、维护不及时等，导致周转料具的碳排放较高，应重点聚焦以下几点。

1. 选用低碳环保材料

在周转料具的选型上，应优先选用低碳环保材料，如可回收再利用的钢材、铝材等。同时，应积极推广使用新型环保材料，如竹木模板、生物降解塑料等，降低周转料具的生产和废弃处理过程中的碳排放。

在周转料具的选型与配置策略中，应秉持绿色、低碳、可持续发展的核心理念，致力于从源头上减少对环境的影响。首先，针对传统材料的选择，明确提出应优先倾向于那些可回收再利用且环境友好的材质。其中，钢材与铝材因其卓越的耐用性、高强度及良好的回收价值而成为首选。这些材料不仅能在施工过程中发挥稳定作用，减少因频繁更换材料而产生的额外成本，更能在使用周期结束后，通过高效的回收机制，重新进入生产循环，极大地降低了资源消耗和废弃物产生。

与此同时，还应积极拥抱科技创新，大力推广并应用新型环保材料，以进一步推动建筑行业的绿色转型。竹木模板作为其中的佼佼者，以其自然可再生、生长周期短、加工能耗低等优势而成为替代传统木质模板的理想选择。它们不仅减轻了对森林资源的压力，还因其良好的透气性和易降解特性而在废弃后能够迅速融入自然环境，减少了对土壤和水体的污染。

此外，生物降解塑料的引入更是为周转料具的环保之路开辟了新篇章。这类材料在特定条件下能够自然分解，回归自然，有效解决了传统塑料难以降解、易造成"白色污染"的问题。鼓励在包装、隔离层等辅助材料上广泛使用生物降解塑料，既保证了施工过程中的功能需求，又兼顾了环境保护的长远目标。

为确保这些低碳环保材料能够得到有效应用，还建立了严格的材料采购与管理体系，从源头把控材料质量，确保每一批材料都符合环保标准。同时，加强施工人员的环保意识培训，让他们充分认识到使用环保材料的重要性，并在实际操作中积极践行绿色施工理念。

周转料具的选型不仅关乎施工效率与成本控制，更是实现建筑行业绿色发展的重要一环。我们坚信，通过持续推动低碳环保材料的应用与创新，能够显著降低周转料具生产和废弃处理过程中的碳排放，为构建资源节约型、环境友好型社会贡献力量。

2. 优化周转料具设计

通过优化周转料具的设计，降低其自重和体积，减少运输过程中的能源消耗。同时，设计合理的结构和连接方式，提高周转料具的耐用性和可重复使用性，减少损耗和更换频率。

在深入探讨如何优化周转料具设计的策略时，首先需要全面分析当前料具的使用现状，识别其在运输、存储及重复使用过程中存在的主要问题。随后，针对这些问题，从材料选择、结构设计、连接方式及制造工艺等多个维度入手，进行细致的改进与创新。

（1）轻量化设计。

为显著降低周转料具的自重，从而减少运输时的能源消耗，采用了先进的轻质材料，如高强度铝合金、工程塑料及复合材料等。这些材料不仅具有优异的力学性能，能够在保证结构强度的同时大幅降低质量，还具备良好的耐腐蚀性和耐候性，延长了料具的使用寿命。此外，通过精细的计算机辅助设计（CAD）和仿真分析，对料具的壁厚、截面形状等进行优化，进一步实现了轻量化目标。

（2）紧凑化设计。

在减小体积方面，注重料具的空间利用率。通过模块化设计思想，将料具划分为多个可拆卸、易组合的单元，既便于运输和存储，又能在使用时灵活组合，满足不同场景的需求。同时，利用折叠、嵌套等结构创新，使得料具在空载状态下能够大幅缩小体积，提高运输效率，降低物流成本。

（3）耐用性与可重复使用性提升。

在结构和连接方式的优化上，引入了先进的焊接、铆接和螺栓连接技术，确保各部件之间的连接牢固可靠，能够承受多次重复使用的考验。同时，对关键受力部位进行加强设计，采用加强筋、圆角过渡等措施，提高料具的整体强度和刚度。此外，还考虑了易损件的更换便利性，设计了标准化的易损件接口，便于快速更换，减少因局部损坏而导致的整体报废。

（4）智能化与信息化管理。

为进一步提升周转料具的管理效率和使用效益，还将智能化和信息化技术融入设计之中。例如，在料具上安装射频识别（RFID）标签或二维码，实现物料追踪、库存管理和使用状态监测等功能；开发专用的管理软件或 App，帮助用户实现远程调度、数据分析等，为优化资源配置和降低运营成本提供有力支持。

通过综合运用轻质材料、紧凑化设计、耐用性提升及智能化信息化管理等多种手段，可以有效地优化周转料具的设计，实现降低自重和体积、减少能源消耗、提高耐用性和可重复使用性的目标。这不仅有助于提升企业的运营效率和市场竞争力，更有助于推动整个行业的绿色可持续发展。

3. 加强周转料具管理

建立健全周转料具管理制度，规范周转料具的使用、维护和报废等流程。加强现场管理和监督，确保周转料具的规范使用和及时维护。同时，建立周转料具使用档案，实现信息化管理，提高管理效率。

（1）建立健全周转料具管理制度。

首先，必须构建一套科学、系统、全面的周转料具管理制度，明确各类料具的采购标准、验收流程、使用规范、维护保养要求及报废条件等。制度应细化到每种料具的具体操作细节，确保每项工作都有章可循，有据可查。同时，设立专门的管理部门或岗位，负责制度的制定、执行与监督，确保制度得到有效落实。

（2）强化现场管理和监督。

在施工现场，通过设立明确的标识牌、划分专用区域、制定使用规则等措施，加强周转料具的现场管理。实行定人、定岗、定责的管理模式，确保每位工作人员都清楚自己的职责范围，并严格按照规定使用和维护料具。此外，加大监督力度，通过定期巡查、随机抽查等方式，及时发现并纠正违规操作行为，确保周转料具的安全、规范使用。

（3）细化维护保养流程。

建立详尽的维护保养计划，对不同类型的周转料具制定针对性的保养措施。例如，对于金属类料具，需定期除锈、涂漆以防腐蚀；对于木质或塑料类料具，则需注意防潮、防晒，避免变形开裂。同时，设立专门的维护保养团队或安排专人负责日常保养工作，确保每件料具都能得到及时、有效的维护，延长其使用寿命。

（4）建立周转料具使用档案，实现信息化管理。

利用现代信息技术手段，为每件周转料具建立电子档案，记录其采购信息、使用记录、维护保养情况、报废日期等全生命周期数据。通过数据分析，可以清晰掌握料具的使用状况、损耗规律及成本效益，为后续的采购计划、使用调配及维护保养提供有力支持。同时，开发或引入专业的管理软件系统，实现周转料具的信息化管理，提高管理效率，减少人为错误。

（5）加强培训与宣传。

定期组织对施工人员及管理人员的培训，提高他们对周转料具管理重要性的认识，掌握正确的使用方法和维护保养技巧。同时，通过宣传栏、宣传册等多种形式，加强宣传教育，营造全员参与、共同管理的良好氛围。

加强周转料具管理是一个系统工程，需要从制度建设、现场管理、维护保养、信息化应用及人员培训等多个方面综合施策。只有这样，才能确保周转料具的安全、规范、高效使用，为工程项目的顺利进行提供有力保障。

4. 推广先进技术减少周转料具使用

积极推广绿色施工技术，如预制装配式施工、BIM技术等，降低施工现场对周转料具的依赖。通过提高施工效率和质量，减少周转料具的使用量和损耗。

首先，聚焦于预制装配式施工技术的全面推广。这一技术以其高效、环保、质量可控的特点而正逐步成为现代建筑领域的新宠。通过工厂化生产预制构件，如墙体、楼板、楼梯等，再运输至现场进行组装，不仅大大缩短了施工周期，减少了现场湿作业，还极大地降低了对模板、脚手架等传统周转料具的依赖。这种"像搭积木一样建房子"的方式，不仅提升了建筑的整体性能，还从源头上减少了资源浪费和环境污染。

与此同时，BIM 技术的深度应用，更是为减少周转料具使用提供了强有力的技术支持。BIM 技术通过三维数字化模型，将建筑设计、施工、运维等全生命周期信息集成于一体，实现了设计阶段的精确模拟与优化，避免了因设计变更而导致的材料浪费和重复施工。在施工阶段，BIM 技术能够精准计算材料需求量，实现周转料具的精细化管理，确保每一块模板、每一根脚手架都能得到最有效的利用，从而减少损耗和浪费。

为进一步降低周转料具的使用量和损耗，还采取了多项配套措施。例如，推广使用可循环利用或易于降解的新型材料，替代传统的、难以回收的周转料具；加强施工现场的物料管理，实施严格的领用登记和回收制度，确保周转料具得到妥善保管和及时回收；同时，通过定期培训和技能提升，提高施工人员对绿色施工技术的认知和操作水平，使他们能够更加熟练地运用新技术，减少因操作不当而造成的损耗。

通过积极推广预制装配式施工、BIM 技术等绿色施工技术，并结合一系列配套措施的实施，不仅能够显著降低施工现场对周转料具的依赖，减少其使用量和损耗，还能有效提升施工效率和质量，推动建筑行业向更加环保、高效、可持续的方向发展。这不仅是对社会责任的担当，更是对未来美好生活的共同追求。

4.5.4　再生复合木方龙骨应用技术

国内建筑业模板支撑体系龙骨 70% 为传统木方，强度低，尺寸不标准，综合成本高；30% 为方钢管及钢包木，有极大的弊端且笨重，随着中国森林资源紧张，原材料从国内的松木发展为进口松木，木材成本不断增加，且废旧木方多当垃圾丢弃。再生复合木方龙骨利用废旧模板、次薪料、加工剩余料等废弃物作为基体，包裹预制的纤维增强树脂复合材料，通过加温热固为高分子复合木方，并且生产线自动化程度高、操作简单、易维护，生产过程无"三废"（废气、废水、废渣）产生。

普通木方受气候变化、木方材质等内外因素的影响，施工过程中容易发生翘曲、变形影响工程质量，存在安全隐患。施工现场上施工人员常用木方代替脚手板，因木方断裂而发生惨痛的安全事故屡见不鲜。再生复合木方龙骨与传统木方相比，具有需用量小、可周转次数多、耐久性好、强度刚度较高和经济性较好等许多优点。

复合木方龙骨静曲强度高达 94 MPa，远高于传统木方，配模间距大，木方用量比传统木方节省 30% 用量，有效降低了材料成本。复合木方龙骨采用全自动标准化生产设备加工而成，品质稳定、韧性强、不易脱层断裂，周转次数可达 30～50 次。复合木方龙骨可根据需要进行标准化定制，有效减少施工现场"长料变短料，短料变废料"的现状，减少木工铺设附加裁切动作，提高工作效率，节约用工成本。复合木方龙骨表面覆盖高分子无水性纤维材料，表面光滑平整，具有防潮、防腐蚀、防霉变等特性，易保存，寿命长。

4.5.5 全碳纤维模板应用技术

全碳纤维模板应用技术是一种组合式轻量化全碳纤维建筑模板体系，由碳纤维模板单元、连接角模、销钉销片、龙骨、梁底支撑、龙骨支撑、工具式钢支撑等组成。区别于传统模板，全碳纤维模板以二次回收压制的碳纤维为主要材料，经过模压固化和机械加工等工艺制成。为保证足够刚度，经优化设计，全碳纤维模板采用 5 mm 厚碳纤维面板，并在面板一侧固定连接 60 mm 厚 50 mm 宽的十字形主肋及 50 mm 厚 5 mm 宽的纵向加强肋，保证模板单元在整体尺寸上与传统铝合金模板保持一致。由于碳纤维材料轻质高强，因此在保证强度及刚度的条件下，相同尺寸的碳纤维模板单元质量可比铝模减小 1/3。

在正常使用情况下，模板循环使用次数可达 200 次以上，周转率与铝合金模板持平，全生命周期成本低。此外，相同体积下，碳纤维模板较铝合金模板减重 1/3，便于施工搬运，可减少人工成本和机具运输成本，同时提高施工效率。

碳纤维建筑模板体系利用工业产品废料二次回收压制的碳纤维作为模板材料，原材料低碳环保，可重复利用。经测算，该模板体系全生命周期内碳排放较铝模相可降低 3/4，可以进一步推动建筑行业的绿色升级。

4.6 低碳施工工艺改良降碳策略

在追求高效、环保与可持续发展的当代社会，建筑行业的施工工艺正经历着深刻的变革。通过引入先进的施工工艺和技术，不仅可以显著提高施工效率，还能有效减少能耗和碳排放，实现绿色施工。

4.6.1 先进施工工艺应用

先进施工工艺与技术的引入不仅是建筑行业技术进步的体现，更是推动行业高质量发展的必然选择。未来，随着科技的不断进步和创新，建筑行业将迎来更加智能化、绿色化、高效化的新时代。下面列举几项正全面推广的先进技术。

1. 预制构件技术

预制构件技术通过工厂化生产，将建筑的主要构件在工厂内预先制作完成，然后运输到施工现场进行组装。这种技术可以大大减少现场施工的湿作业量，缩短施工周期，同时降低施工现场的噪声、粉尘等污染。此外，预制构件的精度更高，可以提高建筑的整体质量。

2. BIM 技术

BIM 技术通过三维数字模型整合建筑项目的各种信息，包括建筑、结构、机电等专业的设计信息，以及施工、运维等阶段的管理信息。BIM 技术可以实现设计、施工、运维等阶段的信息共享和协同工作，避免信息孤岛和重复工作，提高施工效率。同时，BIM 技术还可以进行模拟分析，优化施工方案，减少材料浪费和能源消耗。

3. 模拟分析技术

通过模拟分析技术，可以在施工前对施工过程进行仿真模拟，预测可能出现的问题，并提前制定应对措施。这种技术可以大大提高施工的安全性和可靠性，减少施工过程中的事故和损失。同时，模拟分析还可以帮助优化施工方案，提高施工效率。

4. 自动化与机器人技术

自动化施工设备与机器人技术的引入显著减轻了人工劳动强度，提高了施工精度与效率。例如，智能机器人可用于高空作业、复杂结构焊接、精准定位安装等高风险或高精度要求的施工场景，有效降低了人为错误和安全事故的风险。同时，自动化控制系统还能实现施工现场的实时监控与调度，优化资源配置，提升整体施工管理水平。

4.6.2　施工工序科学组织

1. 施工顺序的合理安排

施工顺序的合理安排是确保工程质量和进度的基础。在编制施工计划时，应充分考虑各道工序之间的逻辑关系、施工条件、资源供应等因素，确保施工顺序的合理性。

（1）明确施工目标。

首先，需要明确项目的总体目标和阶段性目标，包括质量、进度、成本、安全等方面。

（2）分析施工条件。

对施工现场的环境、地质、气候等条件进行充分分析，确保施工顺序符合实际情况。

（3）优化施工流程。

根据施工目标和条件，优化施工流程，减少不必要的工序和等待时间，提高施工效率。

（4）制订详细计划。

制订详细的施工进度计划，明确各道工序的开始和结束时间，以及所需的人、材、机等资源。

2. 施工人员和设备的合理调配

施工人员和设备的合理调配是确保施工顺利进行的重要保障。在施工过程中，应根据施工进度和需要，及时调配施工人员和设备，避免人员和设备的闲置和浪费。

（1）人员调配。

根据施工进度和工种需求，合理安排施工人员的数量和工作时间。同时，加强人员培训和管理，提高施工人员的技能水平和安全意识。

（2）设备调配。

根据施工需要，合理调配施工设备，确保设备的数量、型号和性能满足施工要求。同时，加强设备的维护和保养，确保设备的正常运行和延长使用寿命。

（3）动态调整。

在施工过程中，应密切关注施工进度和实际情况，及时调整人员和设备的调配计划，确保施工计划的顺利执行。

3. 安排施工顺序和人员调配的注意事项

在安排施工顺序和人员调配时，应注意以下几点。

（1）安全第一。

始终将安全放在首位，确保施工过程中的安全措施得到有效执行。

（2）环保节能。

注重环保和节能，采用绿色施工技术和材料，减少能源消耗和碳排放。

（3）沟通协调。

加强与其他部门和单位的沟通协调，确保施工过程中的信息畅通和协作顺畅。

（4）灵活应变。

根据施工过程中的实际情况和变化，及时调整施工顺序和人员调配计划，确保施工计划的顺利执行。

合理安排施工顺序和人员调配是确保项目高效、低耗、低碳运行的重要措施。通过优化施工计划和资源配置，可以显著提高施工效率和质量，降低能源消耗和碳排放，为项目的可持续发展奠定坚实基础。

4.6.3　淘汰落后施工工艺

在当今全球气候变化和环境问题日益严峻的背景下，建筑施工行业作为能源消耗和碳排放的重要领域，其绿色转型和低碳发展已成为迫切需求。传统的、落后的施工工艺具有效率低下、能耗高、污染重等缺点，已经无法满足现代建筑施工的需求，因此淘汰这些落后工艺，引入先进的施工工艺和技术，对于实现建筑施工行业的降碳目标具有重要意义。

1. 落后施工工艺的缺点

（1）效率低下。

传统的施工工艺往往依赖于人力和简单的机械设备，导致施工效率低下，无法满足现代建筑工期的要求。

（2）能耗高。

落后的施工工艺往往伴随着高能耗的问题，这不仅增加了施工成本，也加剧了能源资源的消耗。

（3）污染重。

传统的施工工艺在施工过程中往往会产生大量的噪声、粉尘和废弃物，对环境造成严重污染。

鉴于以上问题，淘汰落后工艺已经成为建筑施工行业绿色转型的必然选择。

2. 淘汰落后工艺的措施与路径

（1）政策引导。

政府应出台相关政策，明确淘汰落后工艺的目标和时限，为建筑施工行业的绿色转型提供政策保障。

（2）技术创新。

鼓励和支持建筑施工企业加大技术创新力度，研发和推广先进的施工工艺和技术，提高施工效率和质量。

（3）设备更新。

逐步淘汰落后的施工设备和工具，引进先进的施工机械设备，降低能耗和排放。

（4）人才培养。

加强建筑施工人才的培养和引进，提高从业人员的专业技能和环保意识，为淘汰落后工艺提供人才保障。

3. 淘汰落后工艺可以实现的预期效果

（1）降低能源消耗。

通过引入先进的施工工艺和技术，可以大幅度降低施工过程中的能源消耗。

（2）减少碳排放。

淘汰落后工艺将有效减少建筑施工过程中的碳排放，为应对气候变化做出贡献。

（3）提高施工效率和质量。

先进的施工工艺和技术将提高施工效率和质量，缩短工期，降低成本。

（4）改善环境质量。

减少施工过程中的噪声、粉尘和废弃物排放，改善环境质量，提高居民生活质量。

通过引入先进的施工工艺和技术、合理安排施工顺序和人员调配以及淘汰落后工艺等措施，可以有效降低建筑施工过程中的能源消耗和碳排放，实现绿色施工和可持续发展。这将有助于推动建筑行业的转型升级和高质量发展。

4.7 机械设备升级改造降碳策略

机械设备作为施工生产的核心组成部分，其能源消耗和碳排放量不容忽视。因此，实施机械设备升级改造，优化其能效和运行效率，成为实现低碳发展目标的关键措施之一。

4.7.1 施工机械设备能效提升改造

1. 电机系统优化

电机系统是施工机械设备中的核心动力来源，其能效水平直接关系到整个设备的能耗和碳排放。为此，提出以下优化措施。

（1）更换高效节能电机。

通过市场调研和技术分析，选择具有高能效比、低能耗的高效节能电机，替换原有低效能电机，从而显著降低电机系统的能耗。

（2）采用变频调速技术。

变频调速技术可以根据设备实际运行需求，实时调整电机转速，避免电机长时间运行在低效区，进一步提高电机的能效水平。

通过上述措施，电机系统的能耗将得到有效降低，从而减少碳排放，实现绿色施工。

2. 传动系统改进

传动系统是施工机械设备中能量传递的关键环节，其效率高低直接影响到设备的整体能效。因此，对传动系统进行改进，减少能量传递过程中的损失，是提高设备能效的重要手段。

（1）优化传动系统结构。

通过对传动系统结构进行优化设计，减少能量在传递过程中的摩擦损失和泄漏损失，提高传动效率。

（2）采用先进传动技术。

可采用液力耦合器、行星轮系等先进技术，进一步提高传动系统的效率。

通过上述改进措施，传动系统的能效将得到显著提升，从而推动整个设备的能效提升。

3. 节能附件配置

除电机系统和传动系统外，施工机械设备的节能附件配置也是提高能效的重要途径。以下是一些建议。

（1）安装节能型照明设备。

选择具有高能效比、长寿命的 LED 等节能型照明设备，替换原有的高能耗灯具，降低照明系统的能耗。

（2）配置高效冷却系统。

针对设备散热需求，配置高效冷却系统，如采用液冷技术、热管技术等，提高设备的散热效率，降低能耗。

此外，还可以根据设备特点和实际需求，配置其他节能附件，如节能型液压系统、节能型电气控制系统等，进一步降低设备的能耗。

总之，通过电机系统优化、传动系统改进和节能附件配置等措施，可以显著提升施工机械设备的能效水平，降低能耗和碳排放，实现绿色施工和可持续发展。

4.7.2 施工机械设备清洁能源替代

1. 太阳能利用

太阳能作为一种无限且清洁的能源，其应用在施工机械设备上具有广阔的前景。为实现太阳能的有效利用，可采取以下措施。

（1）安装太阳能电池板。

在机械设备的合适位置安装太阳能电池板，通过光电效应将太阳能转化为电能，为设备提供电力支持。

（2）优化电池板设计。

考虑施工机械设备的实际工作环境，设计高效、耐用的太阳能电池板，确保其在各种气候条件下都能稳定工作。

（3）智能充电管理系统。

配备智能充电管理系统，根据设备用电需求和太阳能供应情况，自动调整充电策略，确保设备在不影响工作性能的前提下，最大限度地利用太阳能。

2. 风能利用

风能同样是一种清洁、可再生的能源，尤其适合在风力资源丰富的地区使用。为实现风能在施工机械设备上的应用，可采取以下措施。

（1）风力发电装置。

在机械设备上安装风力发电装置，利用风能转化为电能，为设备提供动力支持。

（2）风能发电与储能系统。

结合风能发电装置和储能系统，将风能转化为电能并储存起来，以便在风力不足时仍能维持设备的正常运行。

（3）智能控制系统。

通过智能控制系统，实时监测风速、风向等环境参数，并根据设备的工作需求，自动调整风力发电装置的工作状态。

3. 生物质能利用

生物质能作为一种可再生的能源，具有来源广泛、环境友好等优点。在施工机械设备上利用生物质能，可减少化石能源的使用，降低碳排放。为实现生物质能的有效利用，可采取以下措施。

（1）生物质燃料研发。

研发适合施工机械设备使用的生物质燃料，如生物质颗粒燃料、生物质油等，确保其在燃烧过程中产生较少的污染物。

（2）生物质燃烧设备。

在机械设备上安装生物质燃烧设备，将生物质燃料转化为热能或电能，为设备提供动力支持。

（3）排放控制系统。

配备高效的排放控制系统，确保生物质燃料在燃烧过程中产生的污染物得到有效控制，降低对环境的影响。

通过以上措施的实施，施工机械设备清洁能源替代将取得显著成效，为建筑施工行业的绿色发展贡献力量。

4.7.3　施工机械设备智能化改造

随着科技的不断进步和智能化技术的快速发展，施工机械设备的智能化改造成为提升施工效率、降低能耗的关键途径。本节将重点探讨施工机械设备智能化改造的三个方面：智能控制系统、故障诊断系统及大数据分析。

1. 智能控制系统

智能控制系统的引入是施工机械设备智能化改造的首要步骤。通过集成先进的传感器、控制器和算法，智能控制系统能够实现对机械设备的精准控制和优化运行。具体来说，该系统能够实时收集设备运行状态信息，如功率、速度、负载等，并通过算法对这些信息进行处理和分析，以实现对设备的自适应控制和优化。这种智能控制方式能够显著提升设备的运行效率，降低能耗，同时减少人为操作带来的误差和不确定性。

2. 故障诊断系统

故障诊断系统是施工机械设备智能化改造的又一重要组成部分。通过安装故障诊断系统，可以实时监测设备的运行状态，并对可能出现的故障进行预测和诊断。该系统能够实时收集设备的各种运行数据，并利用先进的算法对数据进行分析和处理，以发现设备可能存在的故障隐患。一旦发现异常情况，系统能够立即发出警报，并给出相应的维修建议。这种故障诊断方式能够提前发现并解决问题，有效减少停机时间和能耗，提高设备的可靠性和稳定性。

3. 大数据分析

在施工机械设备智能化改造中，大数据技术的应用也日益广泛。通过对设备运行数据的收集和分析，可以发现能耗异常点，指导设备的改造和优化。具体来说，可以利用大数据技术对设备的运行数据进行挖掘和分析，找出能耗高的原因和规律，并据此制定相应的优化措施。例如，可以通过调整设备的运行参数、优化工作循环等方式来降低能耗。此外，大数据分析还可以用于预测设备的未来运行状态和能耗趋势，为设备的维护和管理提供有力支持。

4.8　碳排放监测、计量技术

建筑行业作为能源消耗和碳排放的主要领域之一，其碳排放控制与监测工作显得尤为重要。建筑施工过程中的碳排放主要来源于材料生产、运输、施工机械运行、能源消耗及废弃物处理等多个环节。因此，为实现建筑行业的绿色发展，必须制定科学、合理的碳排放监测、计量技术体系。

4.8.1 建筑施工碳排放监测

1. 监测内容

建筑施工碳排放监测是通过采用先进的技术手段，对建筑施工过程中的碳排放进行实时监测和记录。监测内容主要如下。

（1）能源消耗监测。

对施工现场的电力、热力等能源消耗进行实时监测，确保数据的准确性和实时性。

通过对能源消耗数据的分析，计算并记录相应的碳排放量，为碳排放总量的评估提供基础数据。

（2）施工机械运行监测。

对施工机械（如挖掘机、推土机、搅拌机等）的运行状态进行持续跟踪和监测。

记录施工机械运行过程中的燃料消耗量和相应的碳排放量，以评估不同施工机械对碳排放的贡献。

根据监测数据，优化施工机械的使用和管理，提高机械使用效率，降低碳排放。

（3）材料运输监测。

对建筑材料和设备的运输过程进行全程跟踪和监测，确保运输过程的透明化和可追溯性。

记录运输里程、载重及运输过程中产生的碳排放量，为评估材料运输对环境的影响提供依据。

根据监测数据，优化材料运输路径和运输方式，降低运输成本和碳排放。

2. 监测要求

在进行建筑施工碳排放监测时，需遵循以下要求。

（1）确保监测设备的准确性和可靠性，定期进行设备校准和维护。

（2）制定合理的监测方案，明确监测目标、监测内容、监测频次等。

（3）建立完善的数据记录和存储机制，确保数据的完整性和可追溯性。

（4）对监测数据进行定期分析和评估，为施工管理提供决策支持。

通过建筑施工碳排放监测的实施，可以有效降低建筑施工过程中的碳排放量，推动建筑行业向绿色、低碳方向发展。

4.8.2 建筑施工碳排放计量

建筑施工碳排放计量，旨在通过科学、准确的方法，对施工过程中的碳排放进行量化评估，从而为制定减排策略、优化施工管理和促进绿色建筑发展提供有力支持。

1. 基于能源消耗的方法

基于能源消耗的方法是建筑施工碳排放计量中最直接、最常用的技术之一。该方法通过收集施工过程中的能源消耗数据（如电力、燃油、天然气等），利用相应的碳排放系数将这些能源消耗转化为碳排放量。这种方法的优点在于数据收集相对简单，计算过程直接明了，适用于施工阶段和拆除与废弃阶段的碳排放计量。

在实际应用中，基于能源消耗的方法需要确保数据的准确性和完整性。因此，施工单位应建立完善的能源消耗监测体系，确保能够实时、准确地记录各类能源的消耗情况。同时，对于不同类型的能源消耗，需要采用合适的碳排放系数进行转换，以确保计算结果的准确性。

2. 基于生命周期分析的方法

基于生命周期分析的方法是一种更为全面、深入的建筑施工碳排放计量技术。该方法不仅关注施工阶段的碳排放，还涵盖了建筑材料的生产、运输等环节的碳排放。通过收集这些环节中的能耗数据，利用碳排放系数计算建筑材料的碳排放量，进而得出建筑整体的碳排放量。

基于生命周期分析的方法具有更广泛的适用性和更高的准确性。它能够全面评估建筑在施工和运营过程中的碳排放情况，为制定更为科学的减排策略提供有力支持。然而，该方法的数据收集和处理过程相对复杂，需要涉及多个环节和多个方面的数据。因此，在实际应用中需要建立完善的数据收集和分析体系，确保数据的准确性和完整性。

3. 技术实施与优化

在实施建筑施工碳排放计量技术时，需要注意以下几点。

（1）数据质量保障。

确保收集到的数据准确、完整、可靠是进行准确碳排放计量的基础。因此，需要建立完善的数据监测和审核机制。

（2）技术更新与优化。

随着科技进步和新的碳排放计量方法的出现，需要不断更新和优化现有的计量技术，以提高其准确性和适用性。

（3）人员培训。

对参与碳排放计量工作的人员进行专业培训，提高其技能水平和专业素养，是确保计量工作顺利进行的关键。

（4）政策引导。

政府应出台相关政策，引导施工单位积极采用碳排放计量技术，推动绿色建筑和低碳施工的发展。

4.8.3 无线非侵入机械设备碳排放传感器

无线非侵入碳排数据采集器是适用于燃油施工机械设备的碳传感器，利用振动传感原理，将人工智能物联网（AIoT）技术应用于建造阶段，可实现作业机械启动/停止的秒级感知、作业机械类型的自动识别、作业机械功率状态的监测等功能，并将其转化为碳排放数据，实现施工机械设备碳排放实时精细化监测和统计管理。该传感器适用于工程建设项目中施工器械的碳排放自动采集和计量。

该传感器安装简单化、管理少人化、采集自动化，可完全替代传统人力消耗大、管理复杂、过程耗时长的建造过程机械设备碳核算，为建筑工程项目碳盘查提供智能化解决方案。从试用项目的实际测试结果来看，整个年度碳盘查周期单个项目可节省人力 3 人/月，节省费用支出约 1.5 万元，单个项目投入成本为 0.8 万元，可循环使用 5 次以上，整个周转期间维护费用为 0.5 万元，由此可计算出单套产品的利润约为 6.2 万元。

该传感器产品的应用有效减少了工程建设项目碳盘查的人力资源投入，实时的监测结果可为项目现场提供便捷的施工管理手段，项目服务效益显著。企业管理者可以利用线上部署的软件即服务（SaaS），对企业所有工程建设项目的碳排放情况进行总览，有效加强了企业对项目的远程监管能力，并可以从整体的角度出发对企业总碳排放进行统筹和优化，助力企业碳减排以及环境、社会和公司治理（ESG）披露。

4.8.4 碳能量电箱

碳能量电箱适用于工程建设项目中施工器械的碳排放自动采集和计量。

针对工地现场配电箱用电不规范、无法实现对不同分包和班组的限额管控、缺少能耗与碳排放精细计量与分析等问题，碳能量电箱提供一种现场临电综合解决方案。

碳能量电箱包括硬件部分——标准化配电箱，以及配套的智能配电与数字能源系统。产品按照标准化外观设计，内置人脸识别、扫码取电和智能控电等模块，确保临电规范安全，实现能耗限额管控。配套的智能配电与数字能源系统可监控用电状态、强化能碳统计、精准管控分包用电、提升能源利用效率。

通过碳排放精细计量掌握行业第一手施工碳排放数据，通过数字化手段实现建造阶段能耗与碳排放的智能监控、分析与优化控制，促进绿色施工与节能降碳，实现绿色低碳建造。

总之，建筑施工碳排放计量技术是实现绿色建筑和低碳施工的重要手段之一。通过采用科学、准确的方法对施工过程中的碳排放进行量化评估，可以为制定减排策略、优化施工管理和促进绿色建筑发展提供有力支持。

4.9　智能装备降碳策略

4.9.1　智能施工装备应用原则

1. 高效能施工机械推广

为降低施工过程中的碳排放，本策略倡导推广使用高效能、低排放的施工机械。具体而言，应大力推广电动挖掘机、电动装载机等新型电动施工机械，替代传统的燃油施工机械。这些新型机械具有更高的能源利用效率、更低的排放水平，能够显著降低施工过程中的碳排放。

2. 智能化施工管理系统建设

本策略还建议建立智能化施工管理系统，通过实时监测和控制施工过程中的能源消耗和设备运行状况，实现能源的高效利用和设备的优化运行。该系统应具备数据采集、分析、预警和优化等功能，能够及时发现并解决能源消耗过高、设备运行异常等问题，进一步提高施工效率，降低碳排放。

3. 智能化物料管理

在物料管理方面，本策略提出采用物联网技术实现物料的智能化管理。通过物联网技术，可以对物料的采购、运输、存储和使用等环节进行实时监控和管理，确保物料的有效利用和减少浪费。同时，物联网技术还可以实现物料的精准配送和追溯，提高物料使用效率，进一步降低能源消耗和碳排放。

4.9.2 建筑施工智能能源管理系统

1. 实时监测与分析

建筑施工智能能源管理系统通过建立一套完善的实时监测和分析系统，实现了对施工过程中能源消耗的全面监控。该系统通过部署在施工现场的传感器和监测设备，实时收集电力、水资源、气体等关键能源的消耗数据。这些数据经过系统处理后，以直观、易懂的图表和报告形式呈现给管理人员，为能源管理提供准确、及时的数据支持。

实时监测功能使得管理人员能够随时掌握施工现场的能源使用状况，及时发现并解决能源浪费问题。同时，系统还具备强大的数据分析能力，能够对历史数据进行深入挖掘，揭示能源消耗规律，为能源管理提供决策依据。

2. 能源优化与调度

在实时监测和分析的基础上，建筑施工智能能源管理系统利用先进的数据分析技术和算法模型对能源使用进行预测和优化。系统通过对实时数据和历史数据的综合分析，预测未来一段时间内的能源需求，并结合施工进度、气候条件等因素，制定出最佳的能源使用方案。

该方案不仅考虑了能源的高效利用和节约，还兼顾了施工安全和环境保护等因素。系统能够自动调整设备的运行状态和参数设置，实现能源的智能调度和优化分配。同时，系统还支持手动干预和调整，以满足特殊情况下的施工需求。

通过能源优化与调度功能，建筑施工智能能源管理系统能够显著降低能源消耗和运营成本，提高施工效率和质量。同时，该系统还有助于实现绿色施工目标，降低施工过程中的环境污染和碳排放量。

总之，建筑施工智能能源管理系统以其强大的实时监测、分析和优化能力，为建筑施工能源管理提供了科学、精准的技术支持。该系统不仅有助于提升项目效率和降低运营成本，还有助于实现绿色施工目标，推动建筑行业的可持续发展。

4.9.3 建筑 3D 打印产品和工艺技术

建筑 3D 打印产品和工艺技术采用麦轮移动车+机械臂组合的行走式建筑 3D 打印机器人（M3DP-Rob），实现 1∶1 打印建筑部品的 3D 打印。机器人配备远程遥控器，支持"自动""手动"两种运行模式。在室外空旷环境下进行现场 3D 打印作业时，采用反光柱的有返定位，采用双 2D 激光传感器+惯性测量单元（IMU）的硬件组合，保证机器人能够扫描完整的环境信息，配合自主研发的导航定位算法，得到更精确的定位信息，实现更准确地自主导航至工作位置。根据打印工艺流程、机器人作业流程及导航定位算法，上位机软件"ConRob3D 建筑机器人"具备 3D 打印路径规划、轨迹规划、打印仿真等功能。

建筑 3D 打印产品和工艺技术既可以用于常见规格尺寸的梁、柱、墙、板及复杂曲线建筑造型的高精度打印，还可以实现大尺度建筑物的原址打印。其可应用于建筑工地板房、样板间、售楼处、治安亭、园林景观小品、基础设施项目部品等现场打印（图 4.9-1），尤其是夏季高温期间、劳动力严重短缺区域等施工条件下，技术优势更为明显。

图 4.9-1　建筑 3D 打印技术

4.9.4　智能抹灰机器人施工技术

"智能抹灰机器人"又称"抹灰机器人"，是一种替代人工完成墙面抹灰作业的智能设备（图 4.9-2）。抹灰机器人作业施工流程为场地清理与墙面基层处理、放线、砂浆准备、抹灰机器人自检就位、墙面抹灰、人工收边。

抹灰机器人整机质量约 450 kg，整机长度 750 mm、宽度 900 mm、高度 1 750 mm，可通过施工电梯进行垂直运输。抹灰机器人作业地面应相对平整，1 m 范围内偏差不宜超过 20 mm，作业空间应满足设备正常行走、转向，长度和宽度不低于 1.4 m。抹灰机器人行走越障高度 3 cm，最大爬坡角度 15°。抹灰机器人施工效率高，一遍抹灰厚度范围 5~25 mm，抹灰垂直度、平整度偏差≤3 mm。

1. 经济效果分析

抹灰机器人一人操作即可，具备遥控功能，操作简单，易于上手，简单培训即可使

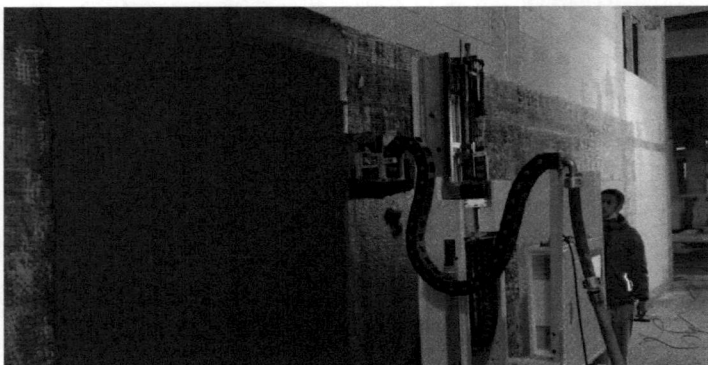

图 4.9-2　智能抹灰机器人

用，其每小时抹灰面积约 50 m²，是人工抹灰作业的 5～6 倍，抹灰成本可降低 20% 以上。

2. 环境效果分析

抹灰机器人作业时，砂浆直接倒运至泵送料斗，减少了砂浆落地，降低了扬尘产生，有利于改善抹灰作业环境。抹灰机器人作业无须登高作业，降低了施工难度，提高了的安全保障。

4.9.5　钢筋智能加工生产线施工技术

1. 钢筋智能加工生产线分类

钢筋智能加工生产线通过控制系统按钢筋下料单完成钢筋原材料拾取、切断、套丝、弯曲钢筋加工（图 4.9-3）。钢筋智能加工生产线分为纵筋加工生产线和箍筋加工生产线。

图 4.9-3　钢筋智能加工生产线

（1）纵筋加工生产线。

纵筋加工生产线控制系统输入不同原料料仓内钢筋参数（规格、长度），拾取装置从成品料仓中自动拾取所需规格钢筋。通过多重导向定位，将拾取的钢筋经过输送压轮机构送至输送线上进行定长切割加工。

（2）箍筋加工生产线。

箍筋加工生产线可制作矩形箍筋和直拉筋及板筋。加工能力：直径 6～12 mm 规格钢筋，最大弯箍尺寸 60～920 mm，直拉筋长度 1 000～7 000 mm，折弯边 60～210 mm。

2. 经济效果分析

纵筋加工生产线每小时可加工钢筋 1.5 t，箍筋加工生产线每小时可加工箍筋 0.5 t，钢筋智能加工生产线的生产效率是人工作业的 8～10 倍。

3. 环境效果分析

钢筋智能加工生产线仅需 1～2 人即可完成整条生产线的运行，降低了工人作业劳动强度、机械伤害、加工粉尘对人体健康的损害，提高了的安全保障。

4.9.6　地面整平机器人施工技术

地面整平机器人（图 4.9-4）施工技术是通过将机器人运输/吊装到作业面，设定混凝土（砂浆找平）完成面标高，可通过手动或全自动模式操控机器人施工作业，以达到地面收面效果。此项技术提升了岗位技能和地位，延长了职业生命周期；用机器代替繁重的体力劳动，轻松手动操作；改善了劳动环境，保证施工安全；提升了施工质量，提高了效率节约人工成本。此项技术适用于混凝土道路、各类民用与工业建筑底板顶板及保护层、地下室地坪砂浆找平、混凝土板面施工等。

图 4.9-4　地面整平机器人

采用此项技术可减少混凝土（找平砂浆）浪费量。经检测，此项技术使材料使用率由 97% 提高到 99%，项目施工更节约、环保。

第 5 章

负碳、固碳、捕碳策略

在当前全球气候变化的严峻挑战下，推动建筑行业向低碳、负碳（negative carbon）乃至固碳（carbon sequestration）、捕碳方向转型已成为实现可持续发展目标的关键路径。研发并使用能够吸收并储存碳的材料和技术（如生物基材料、碳捕捉混凝土等），使建筑材料本身成为碳的"存储库"。这一转型不仅要求在设计、建造、运营及拆除等全生命周期中减少碳排放，更需积极探索并实施负碳、固碳与捕碳策略，以积极应对环境危机。

5.1 负碳与固碳的区别

在探讨气候变化与可持续发展策略时，负碳与固碳作为关键概念，各自承载着不同的技术内涵与环境影响，其区别体现在多个维度上。

负碳是一个相对先进且具前瞻性的概念，它是指个人、组织、企业或国家在一定时期内的二氧化碳排放量小于零。这不仅意味着通过节能减排、植树造林等措施抵消了自身产生的排放，还进一步通过特定的技术或项目实现了对二氧化碳的吸收，使得整体排放表现为负数。负碳技术的实现途径多样，包括但不限于直接空气捕获与储存（DACCS）、生物能源结合碳捕获与储存（BECCS）、森林管理等。负碳技术的目标在于实现积极的净碳排放，即将大气中的二氧化碳有效储存或降解，为应对气候变化做出更为积极的贡献。

固碳则是一个更广泛且基础的概念，它是指通过一系列措施增加除大气之外的碳库（如土壤、植被、海洋等）中的碳含量。固碳技术主要分为物理固碳和生物固碳两大类。物理固碳主要涉及将二氧化碳长期储存在特定的地质构造中，如开采过的油气井、煤层和深海等。而生物固碳则是利用生物体的光合作用或化能合成作用，将大气中的无机碳（二氧化碳）转化为有机碳（如碳水化合物），并固定在植物体内或土壤中。生物固碳不仅提高了生态系统的碳吸收和储存能力，还有助于减少大气中的二氧化碳浓度，对抗全球变暖。

负碳与固碳的区别具体体现在以下几个方面。

1. 目标不同

负碳的目标是实现二氧化碳的净吸收，使整体排放量为负；而固碳则主要关注于增加碳库中的碳含量，减少大气中的二氧化碳浓度。

2. 实现途径

负碳技术通常涉及更为复杂和高成本的过程，如直接空气捕获与储存，而固碳则包括较为自然和成本相对较低的方法，如植树造林和土壤管理。

3. 经济性与可行性

目前，负碳技术的经济性相对较低，离大规模应用尚有一定距离；而固碳技术，尤其是生物固碳，已在多个领域得到广泛应用，并展现出良好的经济和社会效益。

4. 环境影响

负碳技术通过减少大气中的二氧化碳含量，对减缓全球变暖具有直接且显著的效果；固碳技术虽然也能减少大气中的二氧化碳，但其效果可能受到多种因素的影响，如土地利用变化、森林砍伐等。

负碳与固碳在目标、实现途径、经济性与可行性以及环境影响等方面存在显著差异。在实践中，应根据具体情况选择适合的技术路径，以实现碳排放的有效控制和环境的可持续发展。

5.2 负碳材料应用策略

在建筑工程领域，负碳材料作为实现碳中和与可持续发展的重要工具，正逐步成为研究和应用的热点。这些材料在其生命周期内能够吸收或减少大气中的碳排放量，对缓解全球气候变暖具有显著贡献。

5.2.1 木材基复合负碳材料

木材基复合材料作为一种新兴且多功能的材料体系，近年来在材料科学领域引起了广泛关注。这类材料以木材为基体，通过与不同类型的增强体或功能体复合而成，旨在克服传统木材在物理力学性能上的局限性，并赋予其新的特性和应用潜力。

1. 木塑复合材料（WPC）

木塑复合材料是由木材（如木粉、木纤维、木材刨花等）与塑料（如聚乙烯、聚丙烯等）通过物理或化学方法复合而成的一种新型材料（图 5.2-1）。它不仅保留了木材的天然外观和触感，还兼具塑料的耐水性、耐腐蚀性和易加工性。这种材料在建筑、家具、包装及园林景观等领域有着广泛的应用，能够替代传统的木材和塑料材料，实现资源的可持续利用。

图 5.2-1　木塑复合材料

2. 竹塑复合材料（BPC）

竹塑复合材料是另一种环保型的木材基复合材料，由竹材与塑料复合而成。竹子作为快速生长的植物资源，具有优良的力学性能和可再生性。竹塑复合材料结合了竹材的高强度和塑料的耐候性，广泛应用于建筑模板、地板、家具及户外用品等领域。其独特的质感和环保特性使其成为现代家居和装饰的新宠。

3. 木基陶瓷材料

木基陶瓷材料是一种将木材与陶瓷材料复合而成的创新产品。通过特殊工艺处理，木材的有机成分与陶瓷的无机成分相结合，形成了一种既具有木材纹理又具备陶瓷硬度和耐磨性的新型材料。这种材料在建筑装饰、艺术品制作及工业耐磨件等领域展现出独特的应用价值。

4. 木材-金属复合材料

木材与金属的复合是木材基复合材料领域的又一重要研究方向。通过将木材与金属（如铝、钢等）复合，可以显著提升木材的力学性能、耐候性和装饰效果。这种复合材料在建筑结构、家具制造及交通工具内饰等领域具有广阔的应用前景。然而，木材-金属复合材料由于制备工艺复杂且成本较高，因此目前的应用范围还相对有限。

5. 木材-无机纳米复合材料

随着纳米技术的发展，木材与无机纳米材料的复合也成为可能。通过将纳米颗粒（如二氧化硅、氧化铝等）引入木材基体中，可以显著改善木材的力学性能、热学性能和抗菌性能。这种新型复合材料在高端家具、生物医用材料及电子信息等领域具有潜在的应用价值。

木材基复合材料种类繁多，各具特色。这些材料不仅拓展了木材的应用领域，还为实现资源的可持续利用和环境保护提供了有力支持。随着科技的不断进步和人们对环保材料需求的日益增长，木材基复合材料的发展前景将更加广阔。

5.2.2　工业大麻纤维负碳混凝土

工业大麻作为一种快速生长的作物，在生长过程中能大量吸收二氧化碳。其纤维用于混凝土制造中，不仅增强了混凝土的强度和韧性，还能在混凝土固化后继续吸收二氧化碳，形成负碳效应。法国大麻纤维混凝土体育馆（Pierre Chevet 体育中心）的成功案例展示了这种材料在公共建筑中的应用潜力。

首先深入探究工业大麻纤维的独特之处。工业大麻作为一种天然可再生资源，其纤维具有高强度、高韧性及良好的耐腐蚀性。这些特性使得它在经过特殊处理后被用作混凝土增强材料时，能够显著提升混凝土的抗裂性、抗渗性和抗疲劳性能。相比于传统的钢筋或合成纤维增强材料，工业大麻纤维混凝土在减少环境负担、促进资源循环利用方面展现出了无可比拟的优势。

在混凝土制备过程中，工业大麻纤维被均匀地分散并嵌入到水泥基质中，形成了类似"微筋"的结构。这种结构在混凝土内部构建了一个复杂的网状支撑体系，有效抑制了混凝土在硬化过程中因水分蒸发、温度变化等因素而引起的收缩裂缝。同时，工业大麻纤维的吸湿性和透气性也有助于调节混凝土内部的湿度和温度，进一步提高了结构的稳定性和耐久性。

在工业应用方面，工业大麻纤维混凝土凭借其优异的性能，正逐步在多个领域崭露头角。例如，在基础设施建设领域，它被广泛应用于道路、桥梁、隧道等工程中，显著提高了结构的承载能力和使用寿命；在绿色建筑领域，其环保特性和良好的保温隔热性能使其成为绿色建筑材料的理想选择。此外，在地震多发地区，工业大麻纤维混凝土因其出色的抗震性能，也为建筑物的安全防护提供了有力保障。

随着科技的不断进步和人们对可持续发展理念的深入认识，工业大麻纤维混凝土的应用前景将更加广阔。通过持续优化生产工艺、提高纤维与水泥基质的界面结合力以及探索新的应用场景，有理由相信这一创新材料将在未来的建筑行业中发挥更加重要的作用，为推动绿色、低碳、循环的经济发展模式贡献力量。

5.2.3 微生物负碳材料

微生物建筑材料是近年来建筑学和微生物学交叉领域的一项重要创新，其核心在于利用微生物及其代谢产物的独特性质来改进传统建筑材料的性能，提升建筑环境的可持续性与健康性。

1. 微生物自修复混凝土（bio-concrete）

微生物自修复混凝土是一种结合了微生物技术的新型建筑材料，其中最具代表性的是荷兰微生物学家 Hendrik Jonkers 研发的含芽孢杆菌的生物混凝土（图 5.2-2）。这种混凝土中的芽孢杆菌能在特定条件下（如雨水渗透时）被激活，消耗乳酸钙并释放钙离子，与水中的碳酸根离子反应生成碳酸钙，从而自动填补混凝土裂缝，实现自我修复功能。该技术不仅能延长建筑物的使用寿命，还能显著降低维护成本，提高建筑物的安全性。

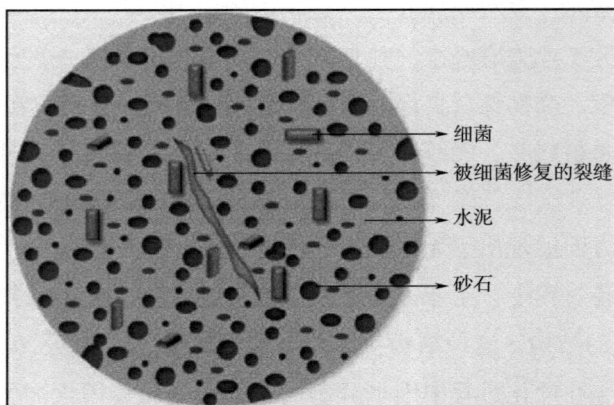

图 5.2-2　含芽孢杆菌的生物混凝土

2. 益生菌建筑材料

益生菌建筑材料是基于微生物生态平衡理念的创新，旨在通过引入有益的微生物种类到建筑环境中，促进生态平衡和环境健康。这类材料利用合成生物学技术，调整微生物的基因以实现特定功能，如净化空气、分解有害物质等。Beckett 公司研发的基于陶瓷混合材料的益生菌建筑材料就是一个成功的案例，它提高了细菌的存活率，为创造更健康的建筑环境提供了可能。

3. 微生物防水材料

传统的建筑防水材料往往含有有毒化学成分，对环境和人体健康构成威胁。而微生物防水材料则利用微生物产生的胞外聚合物作为基础材料，具有良好的可塑性和耐久性，能够有效阻隔水分渗透，实现环保与功能性的双重提升。这种材料在降低建筑能耗、提高防水效果方面展现出巨大潜力。

4. 菌丝体建筑材料

菌丝体是真菌用于吸收、传输和储存营养的主要结构单位，其细胞壁具有优异的物理和化学性质，如高强度、热稳定性和阻燃性。近年来，科学家开始将菌丝体应用于建筑材料的开发与制造中，如纽约的"Hy-Fi"临时室外生物降解展馆便是由菌丝体砖块搭建而成的。这种材料不仅生长速度快，而且具有良好的环保性能和力学性能，为建筑行业带来了全新的可能。

微生物建筑材料作为新兴的建筑科技领域，通过融合微生物学与建筑学的最新成果，为建筑行业带来了前所未有的变革。随着科技的不断进步和市场需求的日益增长，微生物建筑材料将在未来发挥更加重要的作用，推动建筑行业向更加健康、可持续的方向发展。

5.2.4　负碳水泥

Hanson 等公司开发的新型负碳水泥通过回收工业废料并在制造过程中捕获二氧化碳，实现了对传统水泥生产方式的革新。这种水泥不仅环保，还能延长混凝土的使用寿命。此外，利用消费后塑料等回收材料制成的负碳建筑材料，如再生塑料方块地毯，也在减少碳足迹方面发挥了重要作用。

负碳水泥是指在其全生命周期（包括原材料采集、生产、使用及最终处置）中能够实现二氧化碳净吸收的水泥材料。其核心原理在于通过技术创新，将碳捕捉与储存（CCS）或碳转化技术直接融入水泥生产过程中，或者利用富含碳酸盐矿物的工业副产品及生物质材料作为原材料替代，从而在源头上减少碳排放甚至实现负排放。

负碳水泥的技术创新如下。

1. 碳捕捉与矿化技术

在水泥熟料煅烧过程中，集成高效碳捕捉系统，将排放的二氧化碳直接注入水泥浆体或利用矿化剂促进其转化为稳定的碳酸盐矿物，实现碳的永久封存。

2. 生物质与工业废弃物利用

采用富含碳酸盐的工业废弃物（如钢渣、粉煤灰）及生物质材料（如生物质灰、农业废弃物）作为水泥生产的部分替代原料，这些材料在分解或燃烧过程中可吸收并固定二氧化碳，显著降低传统水泥生产中的碳排放。

3. 低碳生产工艺优化

通过改进燃烧技术、提高能源利用效率、实施余热回收等措施，进一步优化水泥生产流程，减少能源消耗和间接碳排放。

负碳水泥的推广应用对于减缓全球变暖、促进碳中和目标的实现具有深远意义。它不仅能够显著降低建筑行业这一全球最大碳排放源之一的碳足迹，还能带动相关产业链的绿色升级，促进资源循环利用和可持续发展。同时，负碳水泥技术的研发与应用也将激发更多的科技创新和产业升级，为社会经济发展注入新的活力。

5.2.5 微藻负碳材料

微藻作为一种光合生物，能够吸收二氧化碳并产生氧气。建筑师正在探索将微藻纳入建筑立面的可能性，使其成为创造可再生能源、净化空气的新手段。微藻建筑材料的应用有望将建筑环境转变为充满活力的生态系统。

1. 微藻板材

微藻板材是一种由微藻和生物聚合物制成的创新建筑材料。该材料不仅具有与木材等传统建筑材料相似的强度和耐用性，还具备出色的环保性能。微藻板材的制造过程能够显著减少二氧化碳的排放，同时其轻量化特性有助于降低运输和安装成本。此外，微藻板材的外观美观，适用于墙体、屋顶、地板等多种建筑构件，为建筑设计提供了更多可能性。

2. 纳米技术增强型微藻生物建筑板

纳米技术增强型微藻生物建筑板是另一类具有前瞻性的建筑材料。这种建筑板结合了微藻和碳纳米颗粒的优势，能够在产生氧气和能量的同时，有效吸收光合作用过程中产生的二氧化碳。其独特的三角形几何形状和半透明绿色设计不仅美观，而且实用，能够放置在窗户上，调节室内温度，减少能源消耗。此外，微藻生物建筑板还具备高能效特性，每年可产生大量电力并显著减少二氧化碳排放，为绿色建筑发展注入新动力。

微藻建筑材料以其独特的优势和广泛的应用前景正逐渐成为建筑领域的热门话题。随着技术的不断发展和市场的日益成熟，微藻建筑材料必将在未来建筑行业中发挥更加重要的作用。

5.3 固碳技术应用策略

建筑工程固碳技术作为实现建筑行业碳减排的重要途径，近年来得到了广泛关注和研究。以下将从技术原理、主要类型、影响因素及实际应用案例等方面，对建筑工程固碳技术进行详细介绍。

5.3.1　建筑工程固碳技术原理

建筑工程固碳技术主要基于矿物碳化原理，即利用建筑材料中的硅酸盐矿物（如硅酸钙、铝酸钙等）与二氧化碳发生化学反应，生成碳酸盐（如碳酸钙）等稳定化合物，从而实现二氧化碳的固定与存储。这一过程不仅有助于减少大气中的二氧化碳浓度，还能提升建筑材料的物理力学性能。

5.3.2　二氧化碳养护混凝土技术

二氧化碳养护混凝土技术是一种将二氧化碳捕集、利用并固定在建筑材料中的创新方法。该技术使二氧化碳与混凝土中的硅酸盐（如硅酸钙、铝酸钙等）发生矿化反应，生成稳定的碳酸盐（如碳酸钙），从而实现二氧化碳的永久封存。这一过程不仅减少了大气中的二氧化碳含量，还显著提高了混凝土的性能，如强度、耐久性和抗碳化性等。

二氧化碳养护混凝土的工艺流程主要包括原料准备、混凝土拌合、成型、预养护及二氧化碳矿化养护等步骤。其中，二氧化碳矿化养护是核心技术环节，主要分为气固矿化养护和搅拌预混二氧化碳养护两种工艺。

1. 气固矿化养护工艺

在混凝土制品成型后，将其送入特制的二氧化碳养护釜内进行矿化养护。在釜体内，控制二氧化碳气体的浓度、温度、压力等参数，使二氧化碳与混凝土中的硅酸盐充分反应，生成碳酸盐。该工艺具有反应速率快、养护时间短、固碳效率高等优点。

2. 搅拌预混二氧化碳养护工艺

在混凝土搅拌过程中，直接将二氧化碳注入搅拌车中，使二氧化碳与混凝土原料在搅拌过程中发生初步矿化反应。这种工艺能够显著提升混凝土的早期强度，并有利于后续矿化反应的进行。

二氧化碳养护混凝土的效果受多种因素影响，主要包括水泥类型与细度、水灰比、集料性质、矿物掺合料、含水量、养护室真空度，以及二氧化碳气体的温度、浓度和压力等。例如，水泥类型直接影响矿物熟料的种类和含量，进而影响其与二氧化碳的反应活性；水灰比则影响混凝土的孔隙结构和气体渗透性；而二氧化碳的浓度和压力则直接影响反应速率和养护程度。

二氧化碳养护混凝土技术具有显著的环境效益、经济效益和社会效益。该技术不仅能够有效减少大气中的二氧化碳含量，缓解温室效应，还能够提高混凝土的性能，延长建筑使用寿命。同时，该技术还能够促进工业固废（如高炉渣、粉煤灰、电石渣等）的资源化利用，降低水泥熟料的生产成本，推动水泥行业和冶金行业的可持续发展。

5.3.3　工业固废矿化技术

工业固废矿化技术是一种通过化学反应将工业固体废物中的有用成分转化为稳定矿物材料的技术。其基本原理在于利用固废中的特定成分（如碱性物质、金属氧化物等）与特定反应物（如二氧化碳、水等）发生化学反应，生成稳定的碳酸盐矿物或其他矿物形态，从而实现固废的减量化、无害化和资源化利用。

该技术对于推动资源循环利用、减少环境污染、促进可持续发展具有重要意义。一方面，通过矿化反应，可以将原本难以处理的工业固废转化为有价值的矿物材料，实现资源的有效回收和再利用；另一方面，矿化过程中产生的稳定矿物材料对环境无害，有助于降低固废对土壤、水体和大气环境的污染风险。

1. 固废预处理技术

固废预处理是矿化技术的重要前提。通过压实、破碎、分选等物理手段，以及化学浸出、氧化还原等化学方法，对固废进行预处理，以去除杂质，提高固废的纯度和反应活性。预处理过程不仅有助于矿化反应的顺利进行，还能提高后续处理过程的效率和效果。

2. 矿化反应技术

矿化反应是工业固废矿化技术的核心环节。根据固废的成分和性质，选择合适的反应物和反应条件，使固废中的有用成分与反应物发生化学反应，生成稳定的矿物材料。常见的矿化反应包括碳酸化反应、沉淀反应和结晶反应等。通过优化反应条件和控制反应过程，可以确保矿化反应的效率和产物的质量。

3. 产物后处理技术

产物后处理是对矿化反应生成的矿物材料进行进一步处理的过程。通过洗涤、干燥、研磨等步骤，去除产物中的残留杂质，提高产物的纯度和稳定性。同时，还可以根据需要对产物进行改性处理，以满足不同的使用需求。

工业固废矿化技术作为一种创新的资源循环利用与环境保护手段，具有显著的技术优势和广阔的应用前景。通过不断优化技术工艺、提高处理效率和产物质量，可以推动工业固废矿化技术的广泛应用和产业化发展，为构建资源节约型和环境友好型社会作出积极贡献。

5.3.4　地质封存技术

地质封存技术是现工业排放与特定区域碳浓度的长期固碳解决方案，在全球应对气候变化的背景下，工业排放与特定区域的碳浓度问题日益严峻，探索并实施碳捕捉、利用与封存（CCUS）技术，尤其是地质封存技术，已成为实现长期固碳的重要路径。地质封存技术通过将捕集的二氧化碳安全地注入地下地质结构中，如油田、气田、咸水层及无法开采的煤矿等，实现二氧化碳的长期储存，从而减少其向大气中的排放。

1. 地质封存技术的原理与优势

地质封存技术的核心在于利用地下岩层的封闭性和稳定性，将二氧化碳以超临界流体的形式注入其中。在这种状态下，二氧化碳的密度和流动性介于气体与液体之间，既不易泄漏，又便于运输和封存。研究表明，若地质封存点经过谨慎选择、设计与管理，注入的二氧化碳可以封存 1 000 年以上，这为应对气候变化提供了长期有效的解决方案。

地质封存技术还具有多方面的优势。首先，它能够有效减少工业排放中的二氧化碳量，缓解全球变暖的趋势。其次，地质封存可以与现有的能源生产过程相结合，如煤矿的瓦斯抽采和储存，提高能源利用效率。此外，地质封存技术的实施还可以带动相关产业的发展，促进经济的绿色转型。

2. 地质封存技术的实施步骤

地质封存技术的实施主要包括以下几个步骤。

（1）捕集二氧化碳。

通过燃烧前捕捉、富氧燃烧和燃烧后捕捉等方式，从工业排放源中捕集二氧化碳。这些捕捉方式各有优缺点，需要根据实际情况进行选择。

（2）运输二氧化碳。

将捕集到的二氧化碳通过汽车、火车、轮船或管道等运输方式运送到合适的封存地点。运输过程中需要确保二氧化碳的密封性和安全性。

（3）选择封存地点。

选择具有良好封闭性和稳定性的地下地质结构作为封存地点。这些地点可以是油田、气田、咸水层或无法开采的煤矿等。

（4）注入二氧化碳。

通过钻井等方式建立注入通道，将二氧化碳注入地下地质结构中。注入过程中需要控制注入速率和注入压力，确保二氧化碳的均匀分布和稳定封存。

（5）监测与管理。

对封存点进行长期监测和管理，确保二氧化碳的稳定封存和防止泄漏。监测内容包括地下压力、温度、二氧化碳浓度等参数的变化情况。

3. 地质封存技术的挑战与展望

尽管地质封存技术在理论上具有显著的固碳效果，但在实际应用中仍面临诸多挑战。首先，地质封存技术的成本较高，包括捕集、运输和封存等各个环节的费用。其次，地质封存技术的安全性和环境可持续性需要得到进一步验证和保障。此外，政策法规的缺失和监管机制的不健全也是制约地质封存技术推广应用的重要因素。

然而，随着科技的不断进步和国际社会的共同努力，地质封存技术有望在未来发挥更大的作用。一方面，可以通过技术创新和产业升级降低地质封存技术的成本和提高效率；另一方面，可以加强国际合作和政策支持，推动地质封存技术在全球范围内的推广与应用。同时，还需要建立完善的监管机制和法律法规体系，确保地质封存技术的安全性和环境可持续性。

总之，地质封存技术作为一种重要的固碳手段，具有巨大的潜力和广阔的应用前景。在未来的发展中，需要继续加强技术研发和推广应用工作，为实现全球碳减排和应对气候变化目标做出更大的贡献。

5.3.5 植被绿化与生物碳汇技术

深度融合植被绿化与生物碳汇策略已成为推动绿色建筑与可持续发展的重要途径。在建筑设计中融入更多绿化元素，如屋顶花园、垂直绿化墙等，不仅能够美化环境，还能够通过植物光合作用吸收二氧化碳，形成生物碳汇，实现负碳效应。

屋顶花园作为建筑绿化的典范，不仅能够有效缓解城市热岛效应，提升建筑能效，更是生物碳汇的重要载体。通过精心设计的屋顶绿化系统，包括选择适生性强、固碳效率高的植物种类（如常绿乔木、灌木及地被植物），可以最大化地利用空间进行光合作用，吸收并固定大气中的二氧化碳，形成显著的生物碳汇效应。此外，屋顶花园还促进了雨水收集与循环利用，减少了城市排水压力，进一步提升了建筑的环境友好性。

垂直绿化墙作为建筑外立面的创新装饰与功能扩展，以其独特的视觉效果和生态功能，成为现代建筑设计中的亮点。通过模块化设计，将各类植物垂直种植于建筑墙面，不仅美化了城市天际线，还极大地增加了城市绿地面积，提高了城市的整体碳汇能力。垂直绿化墙能够有效吸收空气中的污染物，释放氧气，为城市居民提供更加清新的生活环境。同时，其良好的保温隔热性能也有助于降低建筑能耗。

通过恢复退化的森林、湿地等自然生态系统，增强其自然固碳能力。同时，保护现有碳汇，避免因人类活动而导致碳释放。强化自然碳汇，恢复退化的自然生态系统（如森林、湿地等）是增强地球自然固碳能力的关键措施。通过科学规划与合理布局，实施植树造林、湿地恢复等项目，可以显著增加地球表面的绿色覆盖，提高植被的生物量，从而增强生态系统的碳汇功能。这些措施不仅有助于减缓气候变化，还能促进生物多样性保护，维护生态平衡。

在积极恢复退化生态系统的同时，保护现有的碳汇资源同样至关重要。这包括加强对森林、草原、湿地等自然资源的保护与管理，防止因不合理的人类活动而导致碳释放。通过建立健全的法律法规体系，加强执法力度，严格控制乱砍滥伐、过度放牧等破坏性行为，确保自然碳汇的稳定与持续增长。

5.3.6　固碳效果的影响因素

影响建筑工程固碳效果的因素众多，主要包括以下几个方面。

1. 水泥类型和细度

不同类型的水泥矿物组成不同，与二氧化碳的反应活性各异。水泥越细，比表面积越大，越有利于二氧化碳的快速吸收。

2. 水灰比

高水灰比的混凝土孔隙率较大，有利于二氧化碳气体的渗透和扩散。但过高的含水量会阻碍气体扩散，需找到最佳含水量以实现最佳固碳效果。

3. 集料

集料几乎不参与碳化反应，但会影响混凝土的渗透性和孔隙率，进而影响二氧化碳的固定效果。

4. 矿物掺合料

火山灰、粉煤灰、矿渣等掺合料的加入能改变混凝土内部的孔结构，提高二氧化碳的固定量。

5. 养护条件

二氧化碳气体的温度、浓度、压力以及养护室的真空度等，均对固碳效果产生显著影响。

5.3.7　前沿固碳技术

1. 加拿大 CarbonCure 公司研发的种新型混凝土添加剂

在应对全球气候变化与环境可持续性挑战的征途上，加拿大 CarbonCure 公司以其创新的技术解决方案脱颖而出，成为混凝土工业绿色转型的先驱者。该公司自主研发的先进混凝土添加剂不仅颠覆了传统混凝土生产的模式，更为全球减碳事业贡献了重要力量。

CarbonCure 的核心技术在于其独特的混凝土添加剂，该添加剂能够在混凝土搅拌过程中高效捕获并固定大气中的二氧化碳。这一过程不仅实现了二氧化碳的永久封存，有效减少了温室气体排放，还通过化学反应增强了混凝土的微观结构，从而显著提高了混凝土的力学性能和耐久性。这一创举不仅解决了混凝土行业长期以来面临的碳排放问题，更为建筑材料领域开辟了一条全新的绿色发展路径。

通过 CarbonCure 技术生产的混凝土，在吸收并固定二氧化碳的同时，其抗压强度、抗渗性、耐磨性等关键性能指标均得到了显著提升。这意味着在相同的工程需求下，使用这种混凝土可以减少材料用量，进一步降低资源消耗和环境影响。此外，由于混凝土内部结构的优化，因此其长期使用寿命也得到了延长，减少了因频繁维修或更换而产生的废弃物和碳排放。

CarbonCure 公司的技术成果得到了业界的广泛认可与高度评价。其创新模式不仅为混凝土生产商提供了切实可行的减碳方案，也为整个建筑行业树立了绿色发展的典范。随着全球对环境保护意识的不断增强和减碳目标的日益明确，CarbonCure 技术有望在全球范围内得到广泛推广和应用，推动混凝土行业乃至整个建筑业向更加低碳、环保、可持续的方向发展。

2. 华新水泥与湖南大学联合研发的窑尾气吸碳制砖生产线

华新水泥有限公司作为国内水泥行业的领军企业，积极响应国家"碳达峰、碳中和"战略目标，携手湖南大学这一科研高地，共同探索并成功实施了窑尾气吸碳制砖的创新项目，标志着我国建筑材料行业在减碳技术应用上迈出了坚实的一步。

该项目核心在于利用水泥生产过程中产生的窑尾气中的二氧化碳，通过先进的捕集、净化及固化技术，将其转化为建筑材料——高性能环保砖块。这一创新不仅实现了工业废气的资源化利用，还显著提升了产品的环保性能与力学性能。具体而言，该生产线生产的砖块平均抗压强度达到并超过 15 MPa 的行业高标准，且随着龄期的增长，其强度呈现持续上升的趋势，充分展现了材料优异的耐久性和稳定性。

随着该项目的成功投产，每年可高效利用约 2.6×10^4 t 的二氧化碳，相当于减少了大量化石燃料的燃烧产生的温室气体排放，为缓解全球变暖、促进生态文明建设做出了积极贡献。同时，这一绿色生产模式的推广有望引领建筑材料行业向更加低碳、环保的方向转型，促进产业链上下游企业的协同减碳，共同构建绿色、循环、低碳的经济发展体系。

3. 河南强耐新材与浙江大学合作研发的固碳生态砖

河南强耐新材料股份有限公司（以下简称"河南强耐新材"）与浙江大学携手合作，成功研发出具有里程碑意义的固碳生态砖。该产品的核心在于应用了先进的二氧化碳矿化养护技术，实现了建筑材料的生产过程与碳减排目标的深度融合，标志着我国在新型绿色建材领域取得了重大突破。

河南强耐新材与浙江大学科研团队历经数年潜心研究，共同攻克了二氧化碳高效矿化利用的技术难题，创新性地将其应用于生态砖的生产过程中。该技术通过特定的化学反应，将工业排放的二氧化碳转化为稳定的碳酸盐矿物，并直接作为养护剂参与生态砖的硬化过程，不仅有效减少了大气中的二氧化碳含量，还显著提升了产品的强度和耐久性，实现了从"废物"到"资源"的华丽转身。

为确保固碳生态砖的品质与性能，河南强耐新材已根据研发成果制定了严格的企业标准，涵盖了原料选择、生产工艺、性能测试及环保指标等多个方面。这一系列标准的建立不仅为产品的规模化生产提供了坚实的技术支撑，也为行业树立了绿色发展的标杆。目前，该生态砖已正式投入生产线，年产能可固定大量二氧化碳，对缓解全球气候变化具有积极意义。

4. 日本"CO_2-SUICOM"技术

日本"CO_2-SUICOM"混凝土使用一种特殊材料（γ-C_2S，即 γ 型硅酸二钙）作为水泥替代物，通过碳酸化反应吸收并固定二氧化碳。该技术不仅减少了水泥用量，还实现了负碳排放，具有显著的环保效益。它标志着建筑材料科学领域向低碳、环保方向迈出了坚实的一步。该技术核心在于其独特的混凝土配方，即采用 γ-C_2S 作为关键组分，作为传统水泥的替代物，通过精密控制的碳酸化反应过程，实现了对大气中二氧化碳的高效吸收与永久固定。

γ-C_2S 是一种具有优异反应活性的矿物相，在特定条件下，其能够与水及二氧化碳发生化学反应，生成更加稳定的碳酸钙矿物及硅酸钙水合物。这一过程不仅促进了混凝土结构的硬化与增强，更重要的是，它直接从大气中捕获并固定了二氧化碳，从而实现了从"碳排放源"向"碳汇"的转变。

该技术环保效益显著。首先，通过减少对传统水泥的依赖，该技术显著降低了生产过程中的碳排放量，因为水泥制造是建筑业中主要的温室气体排放源之一。其次，每单位体积的"CO_2-SUICOM"混凝土在固化过程中能够吸收并固定相当数量的二氧化碳，实现了负碳排放效果，这对于缓解全球气候变暖具有积极意义。此外，该技术还有助于提升混凝土的耐久性和强度，延长建筑物使用寿命，进一步减少了建筑行业的整体环境影响。

5.4 碳捕捉技术应用策略

建筑碳捕捉技术是一个集多学科于一体的前沿领域，旨在减少建筑行业对环境的碳足迹。随着全球对气候变化的关注日益增强，建筑碳捕捉技术的发展和应用显得尤为重要。

建筑碳捕捉技术主要聚焦于从建筑物运营过程中产生的二氧化碳排放源中进行捕捉、分离、纯化，并最终实现安全封存或再利用的过程。这些排放源包括但不限于供暖、通风和空调（HVAC）系统，建筑材料生产过程中的排放，以及建筑使用过程中的能源消耗等。

5.4.1 通风系统中的碳捕捉技术

在通风系统领域，二氧化碳的高效捕捉与利用已成为推动绿色建筑与可持续发展的重要技术突破之一。其中，变温真空变速吸附（TVSA）技术以 Soletair Power 公司为代表的前沿实践，展现了其在该领域的卓越成就与创新思维。

TVSA 技术作为一种先进的二氧化碳分离与回收方法，其核心在于巧妙地结合了变温操作与真空变速吸附机制，实现了对通风系统中二氧化碳的高效、低能耗捕获。这一技术的工作原理在于，通过精确控制吸附过程中的温度与压力条件，特定类型的吸附剂（如多孔材料或化学吸附剂）能够在较低的温度环境下（通常远低于 100 ℃），展现出对二氧化碳分子的高选择性吸附能力。这种低温操作不仅降低了能耗需求，还减少了因高温而可能引发的材料退化问题，延长了设备的使用寿命。

尤为关键的是，TVSA 技术引入了变速至真空状态的策略以再生吸附剂。在吸附饱和后，系统通过逐步降低压力至真空状态，利用二氧化碳在低压下易于解吸的特性，有效实现吸附剂的再生。这一过程不仅确保了高纯度（可达 99.9%）二氧化碳的捕获，还促进了吸附剂的循环利用，极大地提高了系统的经济性和环境效益。

此外，TVSA 技术的应用范围广泛，不仅适用于商业建筑、办公楼宇等大型公共空间的通风系统，还可拓展至工业废气处理、能源生产等领域，为碳减排和循环经济提供有力支持。通过集成智能化控制系统，该技术能够实时监测通风系统中的二氧化碳浓度，自动调节操作参数，确保最佳捕获效率与能源效率之间的平衡。

TVSA 技术以其高效、低耗、高纯度的特点，在通风系统二氧化碳捕捉领域展现出巨大的应用潜力和价值。随着技术的不断成熟与普及，它有望成为推动全球绿色转型和应对气候变化的重要技术手段之一。

5.4.2 建筑材料生产过程中的碳捕捉技术

在建筑材料生产过程中，碳捕捉技术作为应对全球碳排放和气候变化的重要策略之一，正逐渐受到行业内的广泛关注和应用。这些技术旨在从生产源头减少碳排放，并通过多种方法将二氧化碳捕集、封存或利用于建筑材料之中，以实现环境友好和资源循环利用的目标。以下是一些主要的建筑材料生产过程中的碳捕捉技术。

1. 化学吸收法

化学吸收法利用特定的化学吸收剂，如烷基醇胺溶液和热钾碱溶液，在加压或降温条件下将二氧化碳从废气中吸收并转化为液态或固态产物。这种方法在建筑材料生产中，特别是在水泥和玻璃等生产过程中，能够显著减少二氧化碳排放。例如，在水泥生产过程中，通过优化燃烧工艺并配备化学吸收装置，可以有效捕集燃烧过程中产生的二氧化碳。

2. 吸附法

吸附法利用吸附剂（如活性炭、分子筛等）在不同条件下对气体的选择性吸附能力，实现二氧化碳的捕集。在建筑材料生产中，这种方法可用于处理工业窑炉和燃烧设备的尾气，将其中的二氧化碳分离并收集起来。随着吸附材料技术的发展，高效、低成本的吸附剂正在不断涌现，为吸附法在建筑材料生产中的广泛应用提供了可能。

3. 膜分离法

膜分离法利用膜材料的选择透过性，根据各组分在膜中渗透速率的不同实现气体分离。在建筑材料生产领域，膜分离法被用于捕集和浓缩废气中的二氧化碳。膜材料的选择对于分离效果至关重要，常见的膜材料包括无机膜（如金属膜、沸石膜）、有机膜（如聚苯醚膜、醋酸纤维膜）及混合基质膜等。随着材料科学的进步，膜材料的分离性能和稳定性不断提高，为膜分离法在建筑材料生产中的大规模应用奠定了基础。

4. 碳封存技术

碳封存技术是指将捕集到的二氧化碳永久地储存于建筑材料中，防止其再次释放到大气中。在混凝土生产中，通过添加特殊的添加剂或改变生产工艺，可以将二氧化碳转化为碳酸钙等固体产物并嵌入混凝土中。这种技术不仅减少了碳排放，还提高了混凝土的力学性能和耐久性。此外，碳封存技术还被应用于木材等生物质材料的生产中，通过化学或生物过程将二氧化碳固定在木材中，形成环保的碳封存木材。

5. 碳利用技术

碳利用技术是指将捕集到的二氧化碳转化为有用的化学品或材料，实现资源的循环利用。在建筑材料生产中，碳利用技术可以应用于生产各种低碳环保的建筑材料。例如，利用二氧化碳制备新型水泥材料、玻璃材料等，这些材料不仅具有优异的性能，还能显著降低生产过程中的碳排放。此外，碳利用技术还可以与废弃物资源化技术相结合，实现建筑废弃物的综合利用和再生利用。

5.4.3 能源利用与转换中的碳捕捉技术

在能源利用与转换的广阔领域中，碳捕捉技术（carbon capture technology，CCT）扮演着至关重要的角色，它旨在减少工业生产及能源转换过程中释放到大气中的二氧化碳，从而对抗全球变暖和缓解气候变化。碳捕捉技术通常涉及多个步骤，包括捕获、分离、压缩及储存或利用，其技术路径多样且不断创新。

1. 燃烧后捕捉（post-combustion capture，PCC）

原理：在燃料燃烧后，从烟道气中捕获二氧化碳。

应用：常见于发电厂等大型排放源。通过安装吸收分离装置，使用溶剂（如乙醇胺）对二氧化碳进行吸收，随后通过吹脱、压缩等步骤将其分离并储存或运输。

优点：对现有系统的改造幅度小，相对经济。

挑战：溶剂再生能耗大，环境影响需关注。

2. 燃烧前捕捉（pre-combustion capture 或 integrated gasification combined-cycle，IGCC）

原理：在燃烧前，先将煤炭、生物质等原料气化，再与氧气反应，生成合成气（主要为二氧化碳、一氧化碳、氢气等），随后通过物理或化学方法分离二氧化碳。

优点：合成气中二氧化碳浓度高，分离相对容易；可能同时产出氢气等能源气体。

挑战：气化过程复杂，成本高；燃烧效率略低于传统方式。

3. 氧气燃烧（oxy-combustion）

原理：使用纯氧代替空气进行燃烧，提高燃烧效率和二氧化碳纯度，减少其他副产物。

优点：二氧化碳浓度高，便于后续捕集；燃烧效率高。

挑战：空气分离过程能耗大，技术复杂。

4. 吸附技术

利用固态吸附剂（如活性炭、分子筛、纳米材料等）在特定条件下（如压力、温度）吸附二氧化碳。该技术具有高效、可再生的优点，但吸附剂的选择和再生过程仍需优化。

5. 膜分离技术

基于不同气体在膜上透过速率的差异，实现二氧化碳的分离。该技术具有高效、低成本潜力，但膜材料的研发和稳定性提升仍是关键挑战。

除单纯的 CCS 外，碳捕捉技术还衍生出多种利用途径。

（1）碳捕捉与能源化利用。

将捕获的二氧化碳转化为燃料或其他能源载体，如通过化学转化生成甲醇、乙醇等。

（2）碳捕捉与资源化利用。

将二氧化碳作为工业原料，用于生产建筑材料、化学品、塑料聚合物等，实现碳的循环再利用。

5.4.4　碳捕获混凝土技术

碳捕获混凝土技术（carbon capture and utilization in concrete technology，CCUT）是一种创新性的环保技术，它旨在通过捕集和利用混凝土生产过程中产生的二氧化碳，以减少碳排放并提升混凝土的性能。该技术的核心在于二氧化碳的捕集与利用，即将混凝土生产过程中释放的二氧化碳气体进行收集，并通过化学反应或物理过程将其转化为对混凝土有益的成分，从而实现碳的循环利用。

碳捕获主要通过吸附法、吸收法、膜分离法进行，在捕获二氧化碳后，通过一系列化学反应或物理过程，可以将其转化为对混凝土有益的成分，如碳酸盐类化合物。这些化合物不仅可以作为生产水泥、陶瓷、玻璃等材料的原料，还能直接用于混凝土的固化，提高混凝土的强度和耐久性。

1. 碳酸化反应

二氧化碳与某些物质发生碳酸化反应，生成碳酸钙等碳酸盐类化合物，这些化合物可作为生产混凝土的原料。

2. 合成有机化合物

二氧化碳与氢气、一氧化碳等反应，合成甲醇、乙醇等有机化合物，这些化合物可用于化工、燃料等领域。

3. 转化为建筑材料

通过特定的化学反应，将二氧化碳转化为水化硅酸钙等物质，这些物质可直接用于生产水泥和混凝土，实现碳的循环利用。

5.4.5　尾气 CCUS 捕集设备

尾气 CCUS 捕集设备适用于施工现场各类燃油机械设备（挖掘机、推土机、运输车等）的尾气二氧化碳捕集与利用。

尾气先通过净化器过滤掉颗粒物，然后进入鼓泡反应器进行矿化反应，在反应器中，尾气经过分散器分散成细小的气泡，增大与浆液的接触面积，经过处理的尾气从其顶端排出。反应原料为氧化钙和水的混合浆液，水在过程中循环利用。通过利用尾气余热，可对反应温度进行适当调控，并得到纯度较高、颗粒度较小且粒径一致的碳酸钙固体产物。

CCUS 技术首次在建筑施工阶段应用，每小时处理烟气量 $1\sim5$ m^3，实现二氧化碳封存利用率大于 70%，并变废为宝。一台设备每年可减少二氧化碳排放 1 450 kg。

通过磁吸附着于挖掘机，可随机器运动，无安全风险。

5.4.6　碳捕捉技术应用场景

1. 新建建筑

在设计阶段即考虑碳捕捉技术的应用，通过集成化的系统设计实现二氧化碳的高效捕捉和再利用。

2. 既有建筑改造

对既有建筑进行改造升级，加装或优化通风系统和碳捕捉设备，降低运营过程中的碳排放。

3. 建筑材料生产工厂

在水泥、钢材等建筑材料生产过程中引入碳捕捉技术，从源头上减少碳排放。

5.4.7　碳捕捉技术的优势与挑战

1. 优势

（1）高效减排。

显著提高二氧化碳的封存效率，有助于实现建筑行业的碳中和目标。

（2）资源再利用。

捕获的二氧化碳可用于工业生产或转化为高价值产品，实现资源的循环利用。

（3）提升建筑性能。

优化通风系统和能源利用方式，提高建筑内部空气质量和员工工作效率。

2. 挑战

（1）技术成本。

目前碳捕捉技术的成本较高，需要进一步降低成本以提高市场竞争力。

（2）政策支持与标准制定。

需要政府出台相关政策支持和标准化指导，推动技术的广泛应用。

（3）公众认知与接受度。

提高公众对碳捕捉技术的认知和接受度，促进其在社会各界的推广和应用。

建筑碳捕捉技术是一项具有广阔应用前景的重要技术，对于实现建筑行业的碳中和目标具有重要意义。随着技术的不断进步和成本的逐步降低，建筑碳捕捉技术将在未来发挥更加重要的作用。

第 6 章
低碳建造管理应用策略

本章阐述的低碳建造管理主要包括低碳施工管理及低碳运营维护两个部分，通过持续的技术创新与管理优化，最大限度地减少施工和运维过程中的能源消耗、碳排放及对环境影响，促进人与自然和谐共生。

6.1 低碳施工管理策略

低碳施工管理不仅有助于减少能源消耗和碳排放，还能提高施工效率，降低施工成本，改善环境质量。通过采用低碳技术和管理策略，建筑行业可以实现经济效益与环境效益的双赢。

6.1.1 节能与能效管理

在施工过程中，通过优先采用节能设备和绿色建材，以及加强能效管理，不仅能够显著减少能源消耗，还能优化施工方案，提高施工效率，从而实现项目的经济与环境双重效益。

1. 节能设备与绿色建材的应用

在施工过程中，应优先选择符合节能标准的设备和绿色建材。这些产品在设计、制造和使用过程中，均以减少能源消耗、降低环境污染为目标。例如，高效节能的照明系统、空调系统和动力系统能够大幅降低施工现场的能源消耗。同时，绿色建材（如节能保温材料、环保涂料等）不仅具有优良的性能，还能减少建筑在使用过程中对环境的影响。

2. 能效管理的实施

能效管理在施工过程中具有至关重要的作用。通过加强能效管理，可以优化施工方案，提高施工效率，减少能源消耗。具体而言，能效管理应涵盖以下几个方面。

（1）施工方案优化。

在制定施工方案时，应充分考虑节能因素，合理安排施工顺序，避免重复作业和无效劳动。同时，采用先进的施工技术和方法，如预制装配技术、模块化施工等，减少现场作业量，提高施工效率。

（2）能源监测与控制。

在施工过程中，应对能源消耗进行实时监测和控制。通过安装能源监测设备，收集和分析能源消耗数据，找出能源浪费的源头，并采取相应措施加以改进。同时，加强能源使用管理，制订合理的能源使用计划，确保施工现场的能源使用符合节能要求。

（3）施工人员培训。

提高施工人员的节能意识和技能水平是实施能效管理的重要保障。因此，应定期对施工人员进行节能培训和考核，确保他们熟悉节能设备和绿色建材的使用方法，掌握节能施工技术和方法。

节能与能效管理在施工过程中具有至关重要的作用。通过优先采用节能设备和绿色建材，加强能效管理，可以显著降低能源消耗，提高施工效率，降低施工成本，并减少环境污染。因此，在建筑施工过程中应充分重视节能与能效管理的重要性，并积极采取相应措施加以实施。

6.1.2　碳排放控制

1. 低碳技术的引入与应用

低碳技术是实现碳减排的关键手段之一。在建筑施工过程中，通过引入和应用一系列低碳技术，可以显著减少能源消耗和碳排放。

（1）预制构件与模块化施工。

预制构件和模块化施工技术能够大幅减少现场作业量，从而降低施工噪声和扬尘污染。预制构件在工厂内生产，质量可控，现场安装速度快，减少了对施工环境的破坏。模块化施工则将建筑拆分为多个模块，分别进行生产和组装，提高了施工效率，降低了能耗。

（2）节能建筑材料的使用。

选用节能建筑材料是降低施工碳排放的重要措施。例如，使用高性能保温隔热材料、节能门窗、节能照明系统等，能够降低建筑物的能耗需求，进而减少施工过程中的能源消耗和碳排放。

2. 绿色施工方法的推广与实践

绿色施工方法在保证建筑质量和安全的前提下，通过优化施工管理和技术手段，降低施工过程中的环境影响。

（1）施工扬尘控制。

施工扬尘是建筑施工过程中常见的环境问题之一。通过采取湿法作业、覆盖裸露地面、设置围挡等措施，可以有效控制施工扬尘的产生，降低对大气环境的污染。

（2）噪声污染控制。

施工噪声对周围居民的生活和工作造成严重影响。采用低噪声施工设备、合理安排施工时间、设置隔声屏障等措施，可以显著降低施工噪声污染，提高施工环境的舒适度。

（3）可再生能源的应用。

利用可再生能源替代传统能源是降低施工碳排放的重要途径。太阳能、风能等可再生能源具有清洁、可再生等优点，在建筑施工过程中得到了广泛应用。例如，安装太阳能热水器、太阳能照明系统等，能够减少对传统能源的依赖，降低施工过程中的碳排放。

总之，通过采用低碳技术和绿色施工方法，可以显著降低建筑施工过程中的碳排放，实现可持续发展目标。未来，随着技术的不断进步和政策的推动，低碳建筑和绿色施工将成为建筑行业的主流趋势。建筑行业应积极探索和实践低碳技术和绿色施工方法，为实现全球气候变化的应对和可持续发展做出积极贡献。

6.1.3　资源循环利用

在施工过程中，资源循环利用不仅是一项环境友好的实践，更是实现可持续发展的重要手段。为确保资源的最大化利用，减少对环境的负面影响，应采取一系列专业措施，以推动可再生资源和废弃物的有效利用。

首先，应当建立严格的资源管理制度，明确各类资源的利用标准和处理流程。这包括对建筑垃圾进行精细分类，确保各类废弃物得到妥善处理。通过分类处理，可以将可回收的废弃物（如金属、木材、塑料等）进行分离，为后续再利用提供基础。

其次，在资源循环利用的过程中，应当积极引入先进的处理技术和设备。例如，采用破碎机、筛分机等设备对建筑垃圾进行破碎和筛分，以便更好地分离出可回收物质。同时，还可以利用生物降解技术处理有机废弃物，将其转化为有机肥料等有用资源。

再次，还应当加强与其他行业的合作，共同推动资源的循环利用。例如，与回收企业建立长期合作关系，将可回收的废弃物进行统一收集和再利用。同时，还可以与环保组织合作，共同开展资源循环利用的宣传和推广活动，提高公众的环保意识和参与度。

此外，在施工过程中，还应注重资源的节约和合理使用。通过优化施工方案、改进施工工艺等手段，降低对资源的消耗。例如，采用节能型建筑材料、提高施工效率等措施都可以有效降低资源消耗和环境污染。

最后，还应建立完善的资源循环利用监管体系，确保各项措施得到有效执行。这包括对施工现场进行定期巡查和检查，对违规行为进行及时纠正和处罚。同时，还应建立信息反馈机制，及时收集和分析资源循环利用的数据和信息，为后续工作提供有力支持。

总之，在施工过程中实现资源的循环利用是一项重要的任务。应当采取一系列专业措施，加强资源管理，引入先进技术，加强行业合作，节约资源并建立完善的监管体系，以确保资源的最大化利用和环境的可持续发展。

6.1.4 生态环境保护

在当前全球化与环境挑战并存的背景下，加强生态环境保护显得尤为重要。特别是在施工领域，其活动往往对周边环境产生直接或间接的影响。因此，必须采取一系列专业且有力的措施，以最大限度地减少施工活动对生态环境的影响。

首先，施工前进行环境影响评估是至关重要的一环。通过全面的评估，可以充分了解施工区域的地质、气候、生态等自然条件，以及可能受到施工影响的敏感生态系统和物种。基于这些信息，可以预测施工活动可能产生的环境影响，并据此制定相应的环保策略。

接下来，制定合理的施工方案和环保措施是确保施工活动符合环保要求的关键。施工方案应充分考虑环保因素，如优化施工流程、减少废弃物产生、采用环保建材等。同时，还应制定详细的环保措施，如设置施工围挡、安装防尘设施、进行噪声控制等，以最大限度地减少施工活动对周边环境的影响。

在施工过程中，加强环境监测和管理是确保施工活动符合环保要求的必要手段。应建立完善的环境监测体系，对施工区域的大气、水质、噪声等环境指标进行实时监测。一旦发现环境指标异常，应立即采取相应的措施进行整改。此外，还应加强施工现场的管理，确保施工活动按照既定的施工方案和环保措施进行。

此外，还应积极推广绿色施工理念和技术。绿色施工是一种注重环保、节能、减排的施工方式，通过采用先进的施工技术和管理方法，可以最大限度地减少施工活动对生态环境的影响。应鼓励施工单位采用绿色施工技术，如预制装配式建筑、太阳能利用、雨水回收利用等，以推动施工行业的可持续发展。

总之，加强生态环境保护是施工行业的重要任务。通过施工前进行环境影响评估、制定合理的施工方案和环保措施、加强环境监测和管理以及推广绿色施工理念和技术，可以最大限度地减少施工活动对生态环境的影响，实现施工与环境的和谐共生。

6.1.5 智能化管理

智能化管理已成为提升项目效率和质量的关键手段。通过充分利用信息技术手段，特别是物联网（IoT）、大数据分析和云计算等先进技术，可以实现对施工过程的全面智能化管理，进而优化施工方案，精确配置资源，并最终提高施工效率和质量。

1. 物联网技术在施工现场的应用

物联网技术通过传感器、RFID 标签、摄像头等设备，实现了对施工现场的实时监控和数据采集。这些设备可以实时监测施工环境、设备状态、材料使用情况等关键信息，并将数据传输至中央管理系统。通过对这些数据的分析，管理人员可以及时发现并解决潜在问题，确保施工过程的顺利进行。

2. 大数据分析优化施工方案

收集到的施工数据经过大数据技术的处理和分析，可以揭示出施工过程中的规律和问题。例如，通过分析历史数据和当前数据，可以预测未来施工阶段的难点和瓶颈，提前制定应对策略。此外，大数据分析还可以帮助管理人员优化施工方案，如调整施工顺序、优化材料配比等，从而提高施工效率和质量。

3. 云计算提供强大的数据处理能力

云计算技术为智能化管理提供了强大的数据处理和存储能力。通过将施工现场的数据存储在云端，可以实现数据的实时共享和远程访问。这使得管理人员能够随时随地了解施工现场的情况，及时做出决策。同时，云计算技术还可以处理大规模的数据集，为大数据分析提供必要的计算能力支持。

4. 智能化管理带来的优势

（1）提高施工效率。

通过实时监控和数据分析，管理人员可以及时发现并解决潜在问题，避免施工延误。同时，优化施工方案和资源配置可以进一步提高施工效率。

（2）提升施工质量。

智能化管理可以确保施工过程的精确控制，减少人为错误和质量问题。此外，大数据分析还可以揭示出施工过程中的质量问题根源，为质量改进提供依据。

（3）降低施工成本。

通过优化施工方案和资源配置，可以降低材料浪费和人工成本。同时，实时监控和数据分析还可以帮助管理人员及时发现并解决潜在的安全隐患，降低事故成本。

总之，利用信息技术手段实现施工过程的智能化管理是当前建筑工程领域的必然趋势。通过引入物联网、大数据、云计算等先进技术，可以实现对施工现场的实时监控和数据分析，优化施工方案和资源配置，提高施工效率和质量。这将有助于提升建筑工程的整体竞争力，推动行业的持续发展。

6.2 低碳运维管理策略

随着全球气候变化的加剧和环保意识的提高，低碳运维管理已成为企业信息技术（IT）运营不可或缺的一部分。通过一系列优化措施，降低 IT 运维过程中的能耗和碳排放，同时提高运维效率和系统稳定性，为企业创造绿色、高效的 IT 运营环境。

6.2.1 低碳运维策略目标

1. 降低 IT 运维过程中的能耗和碳排放

（1）优化 IT 设备选型。

选择能效高、碳排放低的 IT 设备，如采用节能型服务器、存储设备及网络设备等。

（2）能源智能管理。

实施能源智能管理系统，对 IT 设备的能耗进行实时监控、分析与优化，降低不必要的能源消耗。

（3）虚拟化与云计算。

通过虚拟化技术整合服务器资源，提高资源利用率，利用云计算技术实现资源弹性伸缩，降低能源消耗。

（4）绿色数据中心设计。

在数据中心设计中融入绿色理念，如采用自然冷却、绿色建筑材料等，降低整体能耗。

2. 提高运维效率和系统稳定性

（1）自动化运维。

通过自动化工具和流程实现 IT 基础设施的监控、部署、配置、升级等任务，提高运维效率。

（2）智能化运维。

利用人工智能（AI）和大数据分析技术，对IT系统进行预测性维护，提前发现并解决潜在问题，提高系统稳定性。

（3）标准化运维流程。

制定标准化的运维流程和操作规范，确保运维工作的质量和效率。

（4）灾备与恢复策略。

建立完善的灾备与恢复策略，确保在发生意外情况时能够迅速恢复业务运行。

3. 推广绿色IT文化，提升员工环保意识

（1）宣传绿色IT理念。

通过内部培训、宣传海报、电子邮件等方式，向员工宣传绿色IT的重要性和价值。

（2）节能行为倡导。

鼓励员工养成节能习惯，如关闭不必要的电器设备、合理使用打印机等。

（3）环保活动组织。

定期组织员工参与环保活动，如植树造林、垃圾分类等，增强员工的环保意识。

（4）设立环保奖励机制。

对在绿色IT实践中表现突出的员工给予表彰和奖励，激励员工积极参与绿色IT实践。

通过实施以上策略，有望在降低IT运维能耗和碳排放的同时，提升运维效率和系统稳定性，并推动绿色IT文化在企业内部的普及和发展。这将有助于应对全球气候变化挑战，实现可持续发展目标。

6.2.2 低碳运维实施策略

1. 绿色数据中心建设

（1）选址优化。

优先选择能源供应充足、气候适宜的地区建设数据中心。

（2）节能设计。

采用高效节能的冷却系统、供电系统和服务器设备。

（3）能源利用。

利用可再生能源如太阳能、风能等，降低对传统能源的依赖。

2. 虚拟化与云计算

（1）服务器虚拟化。

通过虚拟化技术整合物理服务器资源，提高资源利用率。

（2）云计算应用。

利用云计算平台实现资源的动态分配和弹性扩展，降低硬件投入。

（3）数据中心网络优化。

采用软件定义网络（SDN）、网络功能虚拟化（NFV）等技术优化数据中心网络架构，提高网络效率。

3. 节能技术与设备

（1）节能服务器。

选择具备高效能耗比的服务器设备。

（2）绿色存储。

采用固态硬盘（SSD）等高效存储设备，降低能耗。

（3）智能电源管理。

实施智能电源管理策略，如休眠、唤醒等，降低设备空闲时的能耗。

4. 运维流程优化

（1）自动化运维。

通过自动化工具和平台实现运维任务的自动化执行，提高运维效率。

（2）集中监控与管理。

建立统一的监控和管理平台，实现资源的集中管理和监控。

（3）预防性维护。

实施预防性维护策略，提前发现并解决潜在问题，降低故障率。

5. 员工培训与意识提升

（1）培训课程。

开展绿色 IT 培训课程，提高员工对低碳运维的认识和操作技能。

（2）环保活动。

组织环保主题的活动和竞赛，激发员工的环保意识和参与度。

（3）激励机制。

设立环保奖励机制，鼓励员工积极参与低碳运维实践。

第 7 章
低碳建造的政策与市场机制

近年来，我国政府高度重视低碳建造，通过制定一系列政策文件，明确了低碳建造的发展目标和路径。例如，《关于加快经济社会发展全面绿色转型的意见》明确提出，到 2030 年，建筑领域节能降碳制度体系将更加健全，新建超低能耗、近零能耗建筑面积将显著增加，建筑用能中电力消费占比超过 55%，城镇建筑可再生能源替代率达到 8% 等。

碳交易市场是低碳建造的重要市场机制之一。通过建立全国统一的碳交易市场，企业可以将其减排量进行交易，从而实现资源的优化配置和低碳技术的有效推广。在碳市场建设中，应充分发挥市场机制的作用，从紧分配配额，多元化投资者需求，建立信息披露管理制度，保证政策的连续性等。

7.1 低碳建造的政策环境

在全球气候变化的严峻背景下，低碳建造作为实现建筑业可持续发展的关键途径，日益受到国际与国内政策制定者的高度关注。本节将从国际与国内两个维度，对低碳建造的政策环境进行深入分析。

7.1.1 国际与国内低碳建造政策分析

1. 国际层面

近年来，国际社会对气候变化问题的认识不断加深，低碳建造成为国际合作的热点领域，各国政府、国际组织及行业组织纷纷出台了一系列政策文件和行动指南，以推动全球低碳建造的发展。

（1）联合国环境规划署（UNEP）与《巴黎协定》。

《巴黎协定》作为联合国气候变化框架公约（UNFCCC）下的关键文件，明确要求各国采取具体措施减少温室气体排放。建筑业作为能源消耗和碳排放的主要领域之一，自然成为减排的重点。UNEP 通过发布相关报告和倡议，鼓励各国在建筑领域实施低碳政策，推动绿色建筑和低碳建造的实践。

（2）IEA。

IEA 作为全球能源领域的权威机构，密切关注建筑行业的能源消耗和碳排放情况。IEA 通过发布能源展望报告、推广先进节能技术和绿色建筑标准等方式，为各国提供政策建议和技术支持，促进全球低碳建造的发展。

（3）国际绿色建筑理事会（IGBC）。

IGBC 作为绿色建筑领域的国际权威组织，通过制定绿色建筑标准、推广绿色建材和技术等方式，为建筑行业提供指导。其绿色建筑认证体系（如 LEED）已成为全球范围内广泛认可的评价标准，对于推动低碳建造具有重要意义。

各国政府纷纷出台绿色建筑标准和规范，要求新建建筑和既有建筑改造必须达到一定的节能、环保和减排要求。这些标准和规范不仅提高了建筑能效，还有助于推动绿色建材和技术的研发与应用。

为鼓励建筑行业采用低碳技术和产品，各国政府纷纷提供财政激励和税收优惠措施。例如，对绿色建筑项目给予贷款担保、税收优惠和补贴等支持，降低企业采用低碳技术的成本。

在低碳建造领域，国际合作与交流成为推动全球发展的重要力量。各国政府、国际组织及行业组织通过举办研讨会、合作项目等方式，分享经验、交流技术，共同推动全球低碳建造的发展。

2. 国内层面

中国政府始终将低碳建造的发展置于战略高度，认识到这一领域对于实现可持续发展目标的重要性。为推动低碳建造领域的快速发展，政府采取了一系列具有前瞻性和针对性的政策措施。

在战略规划层面，国家"十四五"规划和 2035 年远景目标纲要中明确将绿色建筑和装配式建筑作为建筑业绿色低碳转型的关键方向。这不仅体现了国家对于建筑产业绿色化、智能化、工业化发展的深刻认识，也展现了政府推动低碳建造、促进经济高质量发展的坚定决心。

在法规标准建设方面，中国政府不断完善绿色建筑和建筑节能的法规体系。通过修订《中华人民共和国节约能源法》《民用建筑节能条例》等法律法规，明确了绿色建筑和建筑节能的法定地位，为低碳建造提供了坚实的法律保障。这些法规不仅规范了建筑行业的行为准则，也为低碳建造技术的研发和应用提供了明确的指导。

在政策支持方面，政府采取了多种措施鼓励企业和个人投资低碳建造项目。通过财政补贴、税收优惠、金融支持等手段，降低低碳建造项目的投资成本，提高项目的经济效益。这些政策激发了市场主体的积极性，推动了低碳建造项目的快速落地和顺利实施。

（1）绿色建筑标准与认证。

中国政府制定了绿色建筑评价标准（如 GB/T 50378—2019），鼓励新建建筑和既有建筑改造达到绿色建筑标准。同时，通过绿色建筑认证体系（如三星绿色建筑认证），对符合标准的建筑进行认证和奖励。

（2）公共建筑节能改造。

中国政府积极推动公共建筑节能改造工程，提高公共建筑的能效水平。通过政策引导、资金支持等方式，鼓励社会资本参与建筑节能项目，推动建筑行业的可持续发展。

（3）可再生能源利用。

中国政府鼓励建筑行业采用可再生能源技术，如太阳能、风能等。通过政策支持和财政激励措施，推动可再生能源在建筑领域的应用和普及。同时，加强可再生能源技术的研发和创新，提高其在建筑领域的应用效率和经济效益。

此外，国家还加强了绿色建筑的评价和认证工作。通过建立完善的绿色建筑评价体系和认证机制，对绿色建筑项目进行科学评价和认定，提高绿色建筑的市场认可度和公信力。这不仅有助于提升绿色建筑的质量和品质，也有助于推动绿色建筑市场的健康发展。

国际和国内在低碳建造政策方面均取得了显著进展。通过政策引导、技术支持和财政激励等措施的综合运用，全球低碳建造事业正不断向前推进。

7.1.2　政策支持下的低碳建造实践内容

在政策的引导和支持下，我国低碳建造实践取得了显著成效。

一方面，绿色建筑和装配式建筑得到快速发展。各地纷纷出台绿色建筑和装配式建筑发展规划，加大政策扶持力度，推动绿色建筑和装配式建筑在新建建筑中的广泛应用。同时，政府还加强了既有建筑的节能改造工作，通过实施节能改造工程，提高既有建筑的能效水平。

另一方面，低碳建造技术创新不断涌现。在建筑材料领域，新型绿色建材和可再生能源利用技术得到快速发展，如太阳能光伏、地源热泵等技术的应用，有效降低了建筑能耗和碳排放。在建筑设计和施工领域，智能化、信息化技术的应用也为低碳建造提供了有力支撑，如 BIM 技术在建筑设计、施工和运维中的应用，提高了建筑能效和资源利用效率。

总之，国际与国内政策环境为低碳建造的发展提供了有力保障和支持。未来，随着政策体系的不断完善和实践经验的不断积累，低碳建造将在全球范围内得到更广泛的应用和推广，为实现全球气候治理目标做出更大贡献。

下面是政策支持下的低碳建造实践内容的主要方面。

1. 政策引导与规划

政府通过出台一系列政策文件，为低碳建造实践提供了明确的指导和支持。例如，《国务院关于印发鼓励发展低碳城市和社区实施方案的通知》等文件从城市规划、公共交通、节能改造等多个方面出台了具体的政策举措，为低碳建造实践提供了方向。此外，各地也根据本地实际情况，制定了相应的低碳建造规划和政策，推动了低碳建造实践的落地实施。

2. 低碳建筑设计与施工

在低碳建造实践中，低碳建筑设计与施工是关键环节。通过优化建筑设计，采用节能、环保的材料和技术，减少建筑过程中的能源消耗和环境污染。例如，在建筑围护结构的保温隔热方面，采用高性能的保温隔热材料和技术，提高建筑的保温隔热性能，降低能源消耗。同时，在施工过程中，采用绿色施工技术，减少建筑垃圾的产生和排放，降低施工对环境的影响。

3. 可再生能源利用

可再生能源的利用是低碳建造实践的重要方向。在建筑设计和施工过程中，应充分考虑当地环境条件和建筑使用特点，合理选择和利用太阳能、风能等可再生能源。例如，在建筑屋顶安装太阳能光伏板，利用太阳能发电；在建筑周围设置风力发电设备，利用风能发电。通过可再生能源的利用，不仅可以降低建筑的能源消耗，还可以减少对传统能源的依赖，推动能源的可持续发展。

4. 绿色建材的应用

绿色建材是低碳建造实践的重要支撑。在建筑材料的选择上，优先选择环保、可回收利用的建材，减少建筑过程中的资源消耗和环境污染。同时，加强绿色建材的研发和应用，推动建材产业的绿色化、低碳化发展。例如，利用工业废弃物生产环保建材，实现废弃物的资源化利用；研发高性能的保温隔热材料，提高建筑的保温隔热性能。

5. 智能化管理

智能化管理是低碳建造实践的重要手段。通过引入智能化管理系统，实现对建筑能源消耗的实时监测和数据分析，为节能降耗提供科学依据。同时，智能化管理系统还可以实现对建筑设备的远程控制和智能化调度，提高设备运行的效率和节能性。例如，通过智能化照明系统实现照明的自动调节和控制；通过智能化空调系统实现室内温度的自动调节和控制。

总之，政策支持下的低碳建造实践涵盖了多个方面，包括政策引导与规划、低碳建筑设计与施工、可再生能源利用、绿色建材的应用以及智能化管理等。这些实践内容相互关联、相互促进，共同推动低碳建造实践的深入开展和广泛应用。

7.2 低碳建造的市场机制

在当今日益严峻的环境挑战和全球对可持续发展的高度关注下，低碳建造作为建筑业转型升级的关键途径，其市场机制的研究显得尤为重要。本节将从绿色建筑市场的现状与趋势、碳交易与绿色建筑市场的关系以及市场驱动下的低碳建造技术创新三个方面，深入探讨低碳建造的市场机制。

7.2.1 绿色建筑市场的现状与趋势

近年来，绿色建筑市场在全球范围内呈现出蓬勃发展的态势。随着各国政府对绿色建筑政策的持续推动和消费者对绿色生活方式的追求，绿色建筑已成为建筑业的主流趋势。从市场现状来看，绿色建筑在建筑设计、材料选择、能源利用等方面均取得了显著进展，绿色建筑认证体系不断完善，绿色建筑项目数量和质量均大幅提升。

1. 绿色建筑市场的现状

（1）市场规模持续扩大。

近年来，各国政府纷纷出台相关政策，鼓励绿色建筑的发展。在我国，绿色建筑市场规模逐年增长，年均增长率达到 15% 以上。据住房和城乡建设部数据估算，2021—2025 年我国绿色建筑市场规模合计约为 2 万亿元，其中新建绿色建筑市场规模为 17 828 亿元，占比达 87.5%。全国新建绿色建筑面积已经由 $4 \times 10^6 \, \text{m}^2$ 增长至超过 $10^{10} \, \text{m}^2$，显示出我国在推动绿色建筑发展方面取得了显著成效。

（2）技术创新不断突破。

绿色建筑的设计理念和技术不断创新，如节能设计、可再生能源利用、绿色建材等，使得建筑在能效和环保性能上得到大幅提升。同时，数字化技术的广泛应用也推动了建筑行业的智能化发展，提高了施工效率和管理水平。例如，BIM 技术的应用使得建筑项目的设计、施工和运维过程更加高效和精确，为绿色建筑的发展提供了有力支持。

（3）政策支持力度加大。

各国政府纷纷出台相关政策措施，为绿色建筑的发展提供了有力保障。例如，中国政府提出了"双碳"目标，即到 2030 年左右实现碳达峰，2060 年左右实现碳中和的目标。同时，各地政府也出台了相应的政策措施，鼓励绿色建筑的发展。这些政策为绿色建筑市场的繁荣提供了有力支撑。

2. 绿色建筑市场的趋势

（1）绿色建筑将成为主流。

随着全球气候变化和资源紧张问题的加剧，绿色建筑将成为建筑行业的主流趋势。未来，各国政府将继续出台相关政策措施，推动绿色建筑的发展。同时，建筑行业也将不断推动技术创新和人才培养，为绿色建筑的发展提供有力支持。

（2）可再生能源应用将更加广泛。

未来绿色建筑将更加注重可再生能源的应用。太阳能、风能等可再生能源将更多地被应用到建筑中，减少对传统能源的依赖。同时，建筑的设计也将更加注重与自然环境的融合，如利用自然采光、自然通风等手段来减少对可再生能源的依赖。这些措施将有助于减少建筑的碳排放，实现可持续发展。

（3）绿色建材将得到更广泛应用。

未来绿色建筑将更加注重绿色建材的应用。高性能混凝土、保温隔热材料等绿色建材将更多地被应用到建筑中，提高建筑的节能效率和环保性能。同时，这些材料也能够提高建筑的质量和耐久性，为人们提供更加安全、舒适的居住环境。

（4）智能化水平将不断提高。

随着数字化技术的不断发展，未来绿色建筑的智能化水平将不断提高。IoT 技术、大数据、AI 等将更多地应用到绿色建筑中，实现建筑的智能化管理、监测和控制。这将有助于提高建筑的运营效率和管理水平，为人们提供更加便捷、舒适的生活体验。

绿色建筑市场将继续保持稳定增长态势，并在技术创新、政策支持、可再生能源应用等方面不断取得新的突破。建筑行业应积极拥抱变革，加强技术创新和人才培养，把握市场机遇，推动绿色建筑向更加绿色、智能、高效的方向发展。

展望未来，绿色建筑市场将继续保持快速增长的态势。一方面，随着全球气候变化和环境问题的日益严重，各国政府对绿色建筑的政策支持和投入将不断增加，为绿色建筑市场的发展提供了有力保障。另一方面，随着消费者对绿色生活方式的追求和认知的不断提高，绿色建筑的市场需求将持续增长，绿色建筑将成为建筑业的主流发展方向。

7.2.2　碳交易与绿色建筑市场的关系

碳交易作为一种有效的市场机制，对于推动绿色建筑市场的发展具有重要意义。通过碳交易，建筑企业可以将其在绿色建筑项目中减少的碳排放量转化为碳信用额度，并在碳市场上进行交易，从而获取经济利益。这不仅可以激励建筑企业更加积极地投入绿色建筑项目，推动绿色建筑市场的发展，还可以促进碳市场的繁荣和稳定。

同时，碳交易也为绿色建筑市场提供了更多的融资渠道和投资机会。通过购买碳信用额度，投资者可以参与绿色建筑项目的投资，分享绿色建筑市场发展的成果。这将有助于吸引更多的资本进入绿色建筑市场，推动绿色建筑市场的快速发展。

碳交易市场作为应对气候变化的重要机制，通过设定碳排放总量限制，鼓励企业减少温室气体排放，并允许企业通过交易碳排放权来实现减排目标。随着全球碳交易市场的逐步成熟和完善，越来越多的企业开始参与碳交易，以实现自身的减排目标。

碳交易与绿色建筑市场的关系体现在以下两个方面。

1. 相互促进

绿色建筑市场的发展推动了碳交易市场的繁荣。绿色建筑通过采用高效节能技术和环保材料，降低了建筑全生命周期的碳排放量，为碳交易市场提供了更多的减排项目。同时，碳交易市场的成熟和完善也为绿色建筑提供了更多的融资渠道和政策支持，促进了绿色建筑市场的快速发展。

2. 优势互补

碳交易和绿色建筑在推动绿色发展方面可以优势互补。碳交易通过市场机制激励企业减少碳排放，而绿色建筑则通过技术创新和绿色设计实现建筑全生命周期的低碳、环保和可持续发展。二者相结合，可以实现更高效的减排效果，推动绿色经济的全面发展。

碳交易与绿色建筑市场作为推动绿色发展的重要手段，二者之间存在着密切的关系。未来，随着全球对绿色发展的高度重视和碳交易市场的逐步成熟，绿色建筑市场将迎来更加广阔的发展空间。同时，政府和企业应进一步加强合作，共同推动绿色建筑与碳交易的深度融合，实现绿色经济的可持续发展。

7.2.3　市场驱动下的低碳建造技术创新

在低碳建造领域，技术创新是推动市场发展的关键动力。随着绿色建筑市场的快速发展和碳交易机制的不断完善，建筑企业需要不断进行技术创新，以满足市场对绿色建筑的需求。

在建筑设计方面，建筑企业需要采用先进的 BIM 技术，实现建筑设计和建造过程的数字化和智能化。通过 BIM 技术，建筑企业可以更加精确地模拟和分析建筑性能，优化设计方案，降低能源消耗和碳排放。

在能源利用方面，建筑企业需要积极推广可再生能源的利用，如太阳能、风能等。通过采用先进的能源技术和设备，建筑企业可以实现建筑能源的自给自足和高效利用，降低对传统能源的依赖和碳排放。

在材料选择方面，建筑企业需要选择可再生、可降解等环保材料，减少建筑废弃物的产生和环境污染。同时，建筑企业还需要加强建筑废弃物的回收和再利用，实现资源的循环利用和节约。

总之，低碳建造的市场机制是一个复杂而重要的研究领域。通过深入研究绿色建筑市场的现状与趋势、碳交易与绿色建筑市场的关系以及市场驱动下的低碳建造技术创新等内容，可以更好地理解低碳建造的市场机制和发展规律，为推动建筑业的可持续发展提供有力支持。

第 8 章
低碳建造的未来展望

随着全球气候变化的加剧和环境保护意识的日益提升，低碳建造作为建筑行业绿色转型的重要方向，正受到越来越多的关注。新兴技术的不断涌现为低碳建造提供了强大的技术支撑和发展动力，对建筑行业绿色发展产生了深远影响。

8.1　新兴技术在低碳建造中的广泛应用

8.1.1　智能建筑管理系统

在当今日益追求绿色、低碳和可持续发展的时代背景下，智能建筑管理系统（intelligent building management system，IBMS）作为建筑行业的一大创新，正逐渐展现出其巨大的潜力和价值。通过集成先进的信息技术和自动化技术，IBMS 不仅能够实现对建筑内部环境参数的实时监测和精细调控，更能在确保建筑使用舒适度的同时，显著提高能源利用效率，降低能耗和碳排放。

1. 系统核心功能

IBMS 的核心功能在于其强大的数据收集、处理和分析能力。系统通过部署在建筑内部的各类传感器，实时收集温度、湿度、光照、空气质量等环境参数，并通过自动化控制设备对这些参数进行精细调控。这种实时的数据驱动管理，使得建筑能够根据实际需求进行智能响应，从而在保障舒适度的同时，实现能源的最优利用。

2. 技术支撑与优势

IBMS 的运行依赖于先进的信息技术和自动化技术。通过高度集成化的软硬件系统，IBMS 能够实现对建筑内部各项设施的集中管理和控制。这种集中化的管理方式不仅提高了管理效率，降低了运维成本，更为建筑的能源利用带来了显著的改善。

具体来说，IBMS 通过以下方式实现其技术优势。

（1）实时监测与调控。

系统能够实时监测建筑内部的环境参数，并根据预设的算法进行自动调控，确保建筑内部环境的舒适度。

（2）数据分析与优化。

通过对收集到的数据进行分析，系统能够发现潜在的能源浪费问题，并提出优化建议，从而实现能源利用的最优化。

（3）智能决策支持。

结合大数据、云计算和人工智能等先进技术，IBMS 能够为建筑管理者提供智能决策支持，帮助他们更好地制定能源利用策略。

3. 未来发展趋势

随着大数据、云计算和人工智能等技术的不断发展，IBMS 将迎来更加广阔的发展空间。未来，IBMS 将更加智能化、高效化，不仅能够实现对建筑内部环境参数的实时监测和调控，更能够结合建筑使用者的行为模式，提供更加个性化的服务。

同时，随着全球对低碳、环保和可持续发展的重视程度不断提高，智能建筑管理系统将在低碳建造领域发挥更加重要的作用。通过提高能源利用效率、降低能耗和碳排放，IBMS 将为全球应对气候变化、实现可持续发展目标做出重要贡献。

IBMS 作为建筑行业的一大创新，正以其独特的优势和潜力，引领着建筑行业向更加绿色、低碳和可持续的方向发展。

8.1.2 可再生能源技术

在追求可持续发展的现代建筑行业中，可再生能源技术已成为低碳建造不可或缺的关键组成部分。这类能源以其环境友好、可持续利用的特性，为建筑提供了高效且环保的能源解决方案。

太阳能、风能、地热能等可再生能源技术正逐渐与建筑设计深度融合，推动建筑向能源自给自足的方向发展。太阳能光伏板作为太阳能技术的典型应用，其集成于建筑外墙、屋顶等部位的设计不仅提高了建筑的能源效率，同时也赋予了建筑独特的美学价值。风力发电设备在合适的地区亦能有效补充建筑能源需求，降低对外部能源的依赖。

此外，地热能作为一种稳定且清洁的能源形式，在建筑供暖、制冷等方面具有广阔的应用前景。通过地热热泵系统等设备，建筑能够实现对地热能的高效利用，进一步减少碳排放。

然而，可再生能源的波动性和不稳定性一直是其在实际应用中面临的挑战。但随着储能技术的快速发展，这一问题正得到有效解决。通过集成储能系统，建筑能够在能源产生高峰时段储存多余的能源，并在能源需求高峰时段释放储存的能源，从而确保建筑的能源供应稳定可靠。

可再生能源技术在低碳建造中的应用前景广阔。随着技术的不断进步和创新，相信未来可再生能源将在建筑领域发挥更加重要的作用，为实现建筑行业的可持续发展做出更大贡献。

8.1.3　绿色低碳建材应用

在追求可持续发展的现代社会中，绿色建材技术已成为推动低碳建造不可或缺的重要组成部分。随着全球环境保护意识的日益增强，绿色建材的研发和应用受到了广泛的关注与重视。

绿色建材作为一种新型建筑材料，其核心理念在于将环保、节能、可持续性等要素融入材料设计与生产过程中。这些建材不仅具备传统建材的基本性能，如强度、耐久性等，更重要的是，它们通过采用环保原料、节能工艺及循环再利用技术，显著减少了能源消耗和环境污染。

在低碳建造领域，绿色建材的应用展现出了巨大的潜力和优势。首先，绿色建材的环保性能有助于减少建筑垃圾的产生和环境污染的排放，从而有效降低建筑行业的环境影响。其次，绿色建材通常具有更高的耐用性和安全性，能够延长建筑的使用寿命，减少维修和重建的频率，进一步降低能耗和碳排放。

展望未来，随着绿色建材技术的不断创新和成本的不断降低，其在低碳建造中的应用将更加广泛和深入。一方面，科研人员将继续探索新型环保原料和高效节能工艺，推动绿色建材性能的不断提升和成本的持续下降。另一方面，政府和企业也将加大对绿色建材的推广和应用力度，通过政策引导和市场需求驱动，促进绿色建材产业的快速发展。

总之，绿色建材技术是低碳建造的重要支撑和推动力。未来，期待看到更多高性能、低成本、环保节能的绿色建材被研发出来，并在建筑中得到广泛应用，共同推动建筑行业的绿色发展。

8.1.4　高性能建筑材料的应用

高性能建筑材料是低碳建造技术的重要组成部分。新型保温隔热材料、自洁涂料、高效节能玻璃等材料的研发和应用有效提高了建筑的保温隔热性能和能源利用效率。这些材料不仅降低了建筑在运行过程中的能耗，还减少了建筑全生命周期的碳排放。

1. 新型保温隔热材料的应用

新型保温隔热材料以其高效的保温隔热性能，在建筑节能中发挥着不可替代的作用。这些材料通过优化材料配方和结构设计，有效降低了建筑围护结构的传热系数，减少了室内外热量的交换，从而显著提升了建筑的保温隔热性能。同时，新型保温隔热材料还具有良好的环保性能，如低挥发性有机化合物（VOC）排放、可回收再利用等，为建筑的绿色可持续发展提供了有力支持。

2. 自洁涂料的应用

自洁涂料作为一种具有特殊功能的高性能建筑材料，通过表面涂覆一层具有自洁功能的涂层，实现了建筑表面的自动清洁。这种涂料能够在光照作用下分解有机污染物，抑制微生物生长，保持建筑表面的清洁和美观。自洁涂料的应用不仅减少了建筑维护成本，还提高了建筑的环境适应性，为城市环境的美化做出了贡献。

3. 高效节能玻璃的应用

高效节能玻璃是高性能建筑材料中的又一重要成员。这种玻璃通过采用先进的镀膜技术和特殊材料配方，实现了对太阳辐射的高效控制和室内热量的有效保持。高效节能玻璃能够有效减少夏季室内空调能耗，提高冬季室内保温效果，从而降低建筑在运行过程中的能耗。此外，高效节能玻璃还具有良好的光学性能，如高透光率、低反射率等，为室内提供了舒适的光环境。

高性能建筑材料的应用不仅提高了建筑的保温隔热性能和能源利用效率，还降低了建筑在运行过程中的能耗和全生命周期的碳排放。这些材料通过优化材料配方和结构设计，实现了建筑与环境的和谐共生，为低碳建造技术的发展提供了有力支持。随着科技的不断进步和环保意识的不断提高，高性能建筑材料将在建筑领域发挥更加重要的作用，为实现建筑业的绿色可持续发展做出更大贡献。

8.1.5　预制装配式建筑技术

预制装配式建筑技术作为现代建筑领域的一项重要创新，以其高效、环保的特性在全球范围内得到了广泛的关注和应用。该技术通过工厂化生产预制构件，实现了建筑组件的标准化、系列化和模块化，从而在施工现场进行快速、精准的组装，显著提高了建筑的建设效率和质量。

1. 预制装配式建筑技术的特点

（1）高效性。

预制装配式建筑技术采用工厂化生产方式，能够大幅度提高构件的生产效率和精度。同时，由于施工现场仅需进行组装工作，因此减少了传统施工中的现场浇筑、砌筑等烦琐工序，从而缩短了建设周期，提高了施工效率。

（2）环保性。

该技术通过精确计算和预制生产，减少了现场施工过程中的材料浪费和废弃物产生。此外，预制构件的生产过程能够实现对材料的有效利用和循环使用，降低了建筑的碳排放和环境污染。

（3）质量可控性。

预制装配式建筑技术采用标准化的生产流程和质量控制体系，能够确保构件的质量和性能。同时，工厂化的生产方式使得构件在出厂前就已经完成了质量检测，进一步保障了建筑的整体质量。

2. 预制装配式建筑技术的应用

预制装配式建筑技术广泛应用于住宅、办公楼、工业厂房等各类建筑领域。在住宅领域，该技术能够实现快速、批量化的住宅建设，满足城市化进程中日益增长的住房需求。在办公楼和工业厂房领域，该技术能够提高建筑的灵活性和可改造性，满足企业对于办公环境和生产车间的个性化需求。

随着现代建筑技术的不断发展和创新，预制装配式建筑技术将在未来得到更加广泛的应用和推广。该技术不仅能够提高建筑的建设效率和质量，还能够降低建筑的碳排放和环境污染，实现建筑产业的可持续发展。因此，应该进一步加强对预制装配式建筑技术的研究和应用，推动其在建筑领域中的广泛应用和发展。

8.1.6　绿色屋顶与立体绿化

绿色屋顶和立体绿化技术不仅美化了城市环境，还具有显著的生态效应。绿色屋顶通过种植植物来吸收雨水，减少热岛效应和净化空气，而立体绿化则通过在城市空间中种植植物来增加绿地面积，改善城市生态环境。这些技术不仅提高了建筑的生态性能，还有助于缓解城市环境压力。

1. 绿色屋顶的生态效应

绿色屋顶又称生态屋顶或植被屋顶，是一种在建筑物顶部种植植物以形成植被层的绿化方式。绿色屋顶通过植物的光合作用，吸收空气中的二氧化碳并释放氧气，有效改善空气质量。同时，植物根系能够固定土壤，防止水土流失，并通过蒸腾作用降低建筑物表面温度，减少热岛效应。此外，绿色屋顶还能够吸收雨水，减轻城市排水系统的压力，具有良好的雨水管理功能。

2. 立体绿化的应用与优势

立体绿化是指在城市空间中除地面外的其他位置（如墙面、阳台、屋顶等）

进行绿化。这种绿化方式能够充分利用城市空间，增加绿地面积，改善城市生态环境。立体绿化不仅可以美化城市景观，还能够吸收空气中的有害物质，降低噪声污染，改善空气质量。此外，立体绿化还能够为城市居民提供接触自然、放松身心的空间，提高居民的生活质量。

3. 绿色屋顶与立体绿化的综合效益

绿色屋顶与立体绿化技术的结合应用，能够充分发挥各自的优势，形成互补效应。通过在城市空间中广泛种植植物，这两种技术能够显著提高城市的绿地面积，增强城市的生态服务功能。同时，它们还能够降低城市温度、减少空气污染、改善居民生活环境，为城市居民带来更加健康、舒适的生活体验。

绿色屋顶与立体绿化技术是提升城市生态环境质量、缓解城市环境压力的有效途径。未来，随着技术的不断发展和完善，这两种技术将在城市建设中发挥更加重要的作用。期待看到更多的城市采用绿色屋顶与立体绿化技术，共同打造更加美丽、宜居的生态环境。

8.2　新兴技术在低碳建造中应用的重大意义

8.2.1　政策支持促进低碳建造发展

低碳建造已成为建筑业发展的重要方向。作为引导行业趋势的关键力量，政府对于低碳建造的支持力度正逐步加大，通过制定和完善一系列政策体系和标准规范，为低碳建造的发展提供了强有力的政策保障和市场引导。

1. 政策体系的建立与完善

政府正积极构建与低碳建造相适应的政策体系，这些政策不仅涵盖了技术研发、市场推广、资金扶持等多个方面，还明确了低碳建造在节能减排、绿色生态等方面的具体目标和要求。同时，政府还不断根据行业发展和市场需求，对政策进行适时调整和优化，确保政策的针对性和有效性。

2. 标准规范的制定与实施

在低碳建造领域，政府还积极推动标准规范的制定和实施工作。通过制定严格的低碳建筑设计和施工标准，以及绿色建材和可再生能源的使用规范，政府为低碳建造提供了明确的技术指导和评价标准。这些标准规范的实施不仅有助于提升低碳建筑的质量和性能，还有助于推动整个行业的技术进步和产业升级。

3. 市场监管与规范

为确保低碳建筑市场的公平竞争和健康发展，政府还加强了对市场的监管和规范工作。通过建立健全的市场准入机制、产品质量监管体系和违法违规行为惩处机制等措施，政府有效遏制了市场中的不正当竞争和违规行为，为低碳建造行业营造了一个良好的市场环境。

4. 政策引导与市场激励

此外，政府还通过政策引导和市场激励的方式，推动低碳建造行业的发展。例如，政府可以通过提供税收优惠、财政补贴等措施，降低低碳建筑的建设成本，提高其市场竞争力。同时，政府还可以通过推广绿色信贷、绿色债券等金融工具，为低碳建造项目提供多元化的融资渠道。

政府对低碳建造的支持力度正不断加大，通过制定和完善政策体系和标准规范、加强市场监管和规范以及提供政策引导和市场激励等措施，为低碳建造的发展提供了有力的保障和支持。未来，随着政策的进一步落实和市场的不断发展，低碳建造行业将迎来更加广阔的发展空间和机遇。

8.2.2　公众环保意识提升推动低碳建造发展

随着公众环保意识的不断提高，低碳建造将越来越受到社会的认可和关注。公众将积极参与低碳建筑的设计、建设和运营过程，共同推动低碳建造技术的普及和发展。

1. 公众环保意识提升对低碳建造的认知变化

随着环保知识的普及和环保理念的深入人心，公众对低碳建造的认知发生了显著变化。他们开始认识到建筑活动对环境的影响，并积极寻求环保、节能的建造方式。这种认知变化为低碳建造技术的推广和应用奠定了坚实的思想基础。

2. 公众参与度提升促进低碳建造实践

公众环保意识的提高不仅表现在对低碳建造的认知上，更体现在实际的参与行动上。越来越多的公众开始参与到低碳建筑的设计、建设和运营过程中，通过自身的行动推动低碳建造的实践。他们关注建筑材料的环保性、能源的使用效率、建筑废弃物的处理等方面，为低碳建造提供了宝贵的实践经验。

3. 市场需求驱动低碳建造技术创新

公众环保意识的提升也带来了市场对低碳建造技术的强烈需求。为满足这种需求，建筑企业不得不加强技术创新，提高低碳建造技术的实用性和经济性。这种市场需求驱动的技术创新为低碳建造的发展提供了强大的动力支持。

4. 政策引导与公众环保意识的协同效应

政府在推动低碳建造发展中扮演着重要角色。随着公众环保意识的提高，政府也加大了对低碳建造技术的支持力度，通过制定相关政策、提供财政补贴等方式引导建筑企业采用低碳建造技术。这种政策引导与公众环保意识的协同效应进一步推动了低碳建造的发展。

5. 展望与建议

展望未来，随着公众环保意识的持续提高和低碳建造技术的不断发展，低碳建造将成为建筑领域的主流趋势。为进一步推动低碳建造的发展，建议从以下几个方面加强工作。

（1）加强环保宣传教育，提高公众对低碳建造的认知度和参与度。

（2）加大技术创新力度，提高低碳建造技术的实用性和经济性。

（3）完善政策体系，为低碳建造提供有力支持。

（4）加强行业合作与交流，共同推动低碳建造技术的普及和发展。

总之，新兴技术在低碳建造中的应用前景广阔。通过技术创新、政策支持和公众参与等多方面的努力，可以期待低碳建造在未来为人们的生活带来更多的绿色和美好。同时，低碳建造的发展也将推动建筑行业的绿色转型和可持续发展，为构建美丽中国贡献力量。